中国气象局　南京信息工程大学共建项目资助精品教材

流体力学

陈海山　陆昌根　邵海燕
李忠贤　邓伟涛　彭丽霞　编著

气象出版社
China Meteorological Press

内 容 简 介

本书针对大气科学学科的特点，重点讲述流体力学的基础理论、基础概念和基本方法。全书共7章，第1章介绍流体力学的基础概念，第2章介绍流体运动的控制方程，第3章讲述有关实验流体力学的基本原理和方法；第4章至第7章分别介绍流体涡旋动力学、流体波动、旋转流体动力学和湍流等与大气科学学科密切相关的基础知识。每章小结对知识要点进行梳理和总结，并配有相关的例题和习题。

本书可作为大气科学专业及相关专业学生的教学参考书，也可供气象、海洋、水文、地理、环境和农业等有关部门的专业人员、师生和研究人员参考。

图书在版编目(CIP)数据

流体力学/陈海山等编著. —北京：气象出版社，2013. 12（2023. 7重印）
ISBN 978-7-5029-5869-5

Ⅰ. ①流…　Ⅱ. ①陈…　Ⅲ. ①流体力学　Ⅳ. ①O35

中国版本图书馆 CIP 数据核字(2013)第 309964 号

出版发行：气象出版社
地　　址：北京市海淀区中关村南大街46号　　邮政编码：100081
电　　话：010-68407112（总编室）　010-68408042（发行部）
网　　址：http://www.qxcbs.com　　E-mail：qxcbs@cma.gov.cn
责任编辑：杨泽彬　　终　　审：章澄昌
封面设计：博雅思企划　　责任技编：吴庭芳
印　　刷：三河市百盛印装有限公司
开　　本：720 mm×960 mm　1/16　　印　　张：9
字　　数：184千字
版　　次：2013年12月第1版　　印　　次：2023年7月第5次印刷
印　　数：10001～12000　　定　　价：25.00元

前　言

流体力学是经典力学的一个重要分支，是研究流体运动规律的基础学科。地球上的大气和海洋是最常见的自然流体，而大气科学是研究地球大气的各种现象及其演变规律的学科，因此，流体力学是大气科学的重要理论基础。目前，国内外已经有大量的流体力学教科书，但绝大多数的教科书侧重于工程流体力学的内容，很少考虑大气科学本身的专业特点和需要。

南京信息工程大学大气科学学院（原南京气象学院气象系）长期承担大气科学类不同层次的专业教学和培训任务，一直开设流体力学课程。针对现代气象业务发展及其对现代气象人才培养的需求，在教学过程中不断完善课程框架和教学大纲，结合学校大气科学类人才培养的特点和教学要求，广泛听取了各方面意见，组织了一支长期在一线从事流体力学教学工作的队伍编著了本书。

全书共 7 章，第 1 章介绍流体力学的基础概念，第 2 章介绍流体运动的控制方程，第 3 章讲述有关实验流体力学的基本原理和方法；针对大气科学学科特点，第 4 章至第 7 章分别介绍流体涡旋动力学、流体波动、旋转流体动力学和湍流的基础知识。

本书强调流体力学的基础理论、基础概念和基本方法，突出大气科学学科的特点，加强了流体力学与专业课程之间的衔接；编写过程中增加了每章小结，对知识要点进行梳理和总结，便于读者掌握相关的知识；为避免教材内容过于抽象化，精心选配了例题和习题，给读者练习的机会。

本书可作为大气科学专业及相关专业学生的教学参考书，也可供气象、海洋、水文、地理、环境和农业等有关部门的专业人员、师生和研究人员参考。

感谢大气科学学院和教务处的领导与同事们对本书的关心和支持。

由于作者水平有限，错误和不足之处在所难免，欢迎读者和各方面的专家学者提出批评意见。

作　者

2013 年 7 月于南京信息工程大学

前言

目 录

第1章　流体力学的基础概念

1.1　引言

1.1.1　流体力学的研究对象

在日常生活中，我们经常遇到像水、空气之类的流体。人们需要掌握它们的运动规律，以及它们运动时对处于其中的其他物体会产生什么样的影响和作用，所有这些问题的研究和解决均属于流体力学的基本内容。

什么是流体力学？流体力学是力学的一个分支，它以流体为研究对象，是研究流体运动规律以及流体与固体之间相互作用规律的一门学科。

1.1.2　研究方法

任何一门学科都有其相应的研究方法，而流体力学的研究方法主要有理论、数值和实验三种，下面对三种方法进行简单的介绍。

1. 理论方法

通过抓住流体性质和流动特性的主要因素，概括出宏观物理模型或理论模型，应用已有的普遍的物理规律，建立控制流体运动的闭合方程组，将原来的具体流动问题转化为数学问题；通过数学分析，在一定的初始条件和边界条件下求解。理论研究方法最早由 Euler 提出，并最终发展成为理论流体力学，是流体力学的主要组成部分。

而大量的研究表明流体运动方程组，通常为包含非线性项的偏微分方程所构成。由于数学上方程求解的困难，许多实际流动问题难以精确求解。也就是说仅仅依靠理论流体力学并不能完全解决流体力学的问题，这就要求我们在进行流体力学研究的过程中还必须采取其他的研究方法，这就是我们下面将介绍的两种方法。

2. 计算方法（也称数值方法）

随着计算机技术的高速发展，人们开辟了用数值方法研究流体运动的新方向。通过把流场划分为许多微小的网格或区域，在各个网格点或各个小区域中，利用数值计算方法求解流体运动方程组。多年来，这种方法取得了许多重要的进展，并逐渐发展成为一门学科，这就是所谓的计算流体力学。

3. 实验方法

这种方法主要通过设计实验，对实际流动问题进行模拟，并通过对具体流体运动的观察和测量来归纳流体运动的规律。这种方法通常用来验证理论分析和研究的结果，但是又必须在理论的指导下进行。

长期以来，在研究流体力学的过程中，人们一直把以上三种方法相结合，来研究和解决流体力学的问题，并取得了很大的进展。

1.1.3 应用

流体力学与人类生活、工农业生产密切相关，广泛涉及工程技术和科学研究的各个领域，特别是与大气科学密切相关，已渗透到大气科学的各个领域，成为大气科学的重要的理论依据。

地球上的大气和海洋是最常见的自然流体，因而相应地形成了地球物理流体力学。研究大气和海洋运动规律的动力气象学、动力气候学和动力海洋学，都是流体力学领域中的不同分支，而流体力学是大气科学的重要的基础理论之一。

1.2 流体的物理性质和宏观模型

在研究流体的运动规律之前，我们有必要对流体的宏观物理性质有一个较为详细的了解。首先，介绍流体本身所具有的基本特性，在此基础上，引出研究流体运动所采用的基本假设和宏观模型。

1.2.1 物理性质

自然界的物质，按照其凝聚态(或分子间的平均间距)不同，可以分为固体、液体和气体，而将液体和气体统称为流体。

流体与固体不同，它具有流动性、黏性和压缩性等几个重要的特点，下面对其特点分别作简单的说明。

1. 流动性(形变性)

固体通常具有比较固定的形状，流体则不同：①流体的形状极易发生变化；②流体的抗拉强度极小；③只有在适当的约束条件下，才能承受压力；④处于静止状态的流体不能承受任何剪切力的作用，不论在如何小的剪切力作用下，流体将发生连续不断的形变。可见，流体具有容易发生形变的特性，我们把流体的这一特性称之为流动性或者形变性。

2. 黏性

当流体层之间存在相对运动或切形变时，流体就会反抗这种相对运动或切形变，使流体渐渐失去相对运动，流体这种抗切变性或阻碍流体相对运动的特性，称之为黏性。

对于流体的黏性，从宏观上来看，相对快速的流层对慢速流层有一个拖带作用力，使慢速流层变快起来，相应地慢速流层将拽住快速流层使其减速，最终使流体间的相对运动消失，在这种过程中，两流体层之间的相互作用力称之为黏性力；从微观上看，流体的黏性是流体分子输送统计平均的结果，是由于分子的不规则运动，在不同的流体层之间进行宏观的动量交换，从而使得快慢流体层的流动趋于均匀而无相对流动或切形变。

当流体黏性很小、相对速度不大时，流体的黏性力对流动的作用就不重要甚至可以略去，不考虑黏性的流体称为理想流体。

3. 压缩性

流体的体积在运动过程中通常随温度、压力等因素变化，这种特性称为流体的压缩性。按压缩性，通常可以把流体分为不可压缩流体和可压缩流体。

不同流体的压缩性是不同的，这主要是由流体分子间的作用所决定的。①液体分子间的距离较小，作用力较大，所以在宏观上很难改变其体积，压缩性较小。因此，液体在常温常压的条件下压缩性很小，在大多数情况下可以看做不可压缩流体来处理。②气体分子较分散，分子间的距离较大，分子的作用力较小，从宏观上讲，容易改变体积。所以，气体的压缩性明显比液体大得多，通常需要看做可压缩性流体来处理。但是，在低速流体运动过程中，流体的压力差和温度差均变化不大，也可以近似地将其视为不可压缩流体。

1.2.2　流体的连续介质假设——宏观理论模型

在了解了流体所具有的基本性质之后，我们来进一步考虑在研究流体运动时，怎样来处理流体才有利于我们解决流体动力学问题。

实际流体是由大量的流体分子组成的，而流体分子之间存在着比其自身线尺度要大得多的空间间隙。对于这种由离散分子构成的真实流体，我们应该如何研究它的运动呢？大家知道，通常我们所指的流体运动是指流体的宏观运动，这并不需要涉及流体分子运动及分子的微观结构。也就是说，在研究流体的运动时，可以不考虑流体的离散分子结构状态，而把流体当做连续介质来处理，也就是说把由离散分子构成的实际流体看成是由无数流体质点没有间隙连续分布构成的，这就是所谓的流体连续介质假设。

在上面的流体连续介质假设中，我们谈到了流体质点的概念，那么流体质点是怎样来定义的呢？在研究中，我们把微观足够大，其统计平均可以反映稳定的宏观值的大量的流体分子所组成的流体分子团称之为流体质点。不难看出，流体质点的线尺度大于分子运动的线尺度；宏观上充分小，流体质点的线尺度小于流体运动的线尺度。

在引进了流体连续介质假设的概念之后，我们来考虑什么时候流体连续介质假设是可以采用的，也就是说流体连续介质假设成立的条件是什么。对于大多数情况的流体，一般均可以当做连续流体来考虑，但是某些特殊场合下流体连续介质假设是并不适用的。例如，稀薄气体运动（分子的自由程很大，流体质点大，从而失去意义）或空气动力学中激波区（尺度小，变化激烈）的情况下，就不能采用流体连续介质假设。对于大气科学研究而言，除高层的稀薄大气之外，通常将大气作为连续介质来处理。通常定义如下指标，即分子的自由程 l 与物体的特征尺度 L 之比，称为克努森数(Knudsen)，并记作 $Kn=l/L$，当 $Kn\ll 1$ 时，流体连续介质假设才适用。通常，根据克努森数将流体分为三类，即连续介质流（克努森数很小，远远小于 1）、滑动流（它是一种过渡流，克努森数介于 0.01 和 10 之间）和分子自由流（克努森数很大，通常大于 10）。另外，在以后的讨论中，如果未加特殊说明，一般均把流体当做连续介质来处理。

我们说流体连续介质假设是流体力学的基本假设，在此基础上，我们可以把描述流体物理性质的各种物理量视为空间和时间的连续函数，从而可以直接采用牛顿力学的各项基本规律和有关的数学工具。

综上所述，一般流体力学中，是以流体的连续介质模型作为基本假设，在此基础上再考虑流体的压缩性、黏性等特性，并由此来研究流体运动及流体与固体之间的相互作用。

1.3 流体运动的速度和加速度

讨论任何物质的运动特征，毫无疑问要涉及速度和加速度的概念。我们说实际流体可以当做连续介质来处理，也就是说我们可以将流体看做连续分布的流点系，而流体运动则可以看做流点系的运动来讨论，进而来讨论流体运动的速度和加速度的表述。

1.3.1 描述流体运动的两种方法

通常采用两种方法来描述流体运动。

1. 拉格朗日(Lagrange)方法(质点的观点或随体观点)

着眼于流体质点,设法描述每一个流点自始至终的运动过程和它们的运动参数随时间的变化规律,综合所有流体质点运动参数的变化规律,便得到了整个流体的运动规律。该方法的主要思路可以概括如下:

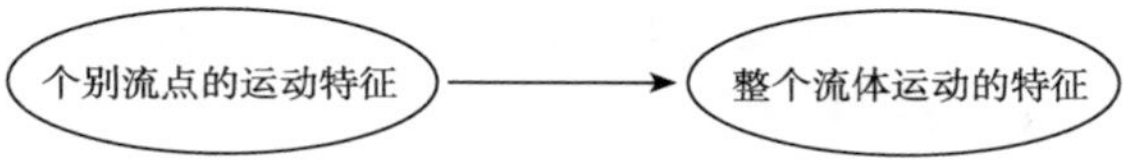

2. 欧拉(Euler)方法(场的观点)

着眼于空间点,描述每一个瞬时流体运动参数的空间分布特征,进而来研究整个流体运动的特征。该方法的主要思路可以概括如下:

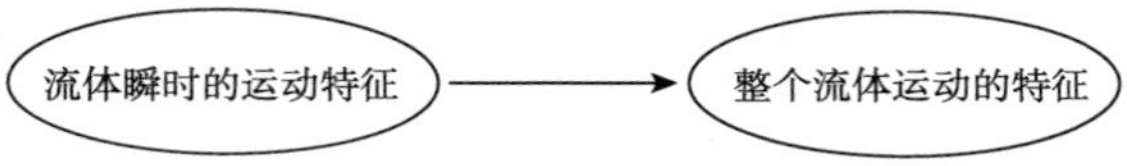

这就是常用来描述流体运动的两种方法。

例如,为了对河水流动进行描述,一方面,我们可以以河道中的某一个流点作为研究对象,跟踪流点的运动,测量并得到其运动状况及其速度,如果采用同样的方法,只要我们对河道中所有的流点进行跟踪测量,那么就可以得到整个河道中流体的流速分布,从而对河水的流动做出正确的描述;另一方面,我们也可以针对河道中的某一固定的空间点,测量出该空间点的流动速度,进而通过测量不同空间点河水的流动速度,最终得到整个河道中河水的流动情况。

1.3.2　流体运动的速度

1. 拉格朗日(Lagrange)观点下流体运动的速度

对于拉格朗日(Lagrange)方法,考虑确定的参考系(以笛卡尔坐标系为例),取流点的位置矢径为 $\boldsymbol{r}$,且可以表示为:

$$\boldsymbol{r} = \boldsymbol{r}(x,y,z) = x\boldsymbol{i} + y\boldsymbol{j} + z\boldsymbol{k} \tag{1.1}$$

如果 x,y,z 在流体区域内连续取值,则上式就描述了流体域内所有流点的位置。考虑到流体运动时流点的位置将随时间变化,即流点的位置矢径 $\boldsymbol{r}$ 应是时间 t 的函数。假定某一流点初始时刻 t_0 位于(x_0,y_0,z_0)点,则该流点不同时刻的位置矢径 $\boldsymbol{r}$ 可以表示为:

$$\boldsymbol{r} = \boldsymbol{r}(x_0,y_0,z_0,t) \tag{1.2}$$

其对应的分量形式为:

$$\begin{cases} x = x(x_0, y_0, z_0, t) \\ y = y(x_0, y_0, z_0, t) \\ z = z(x_0, y_0, z_0, t) \end{cases} \tag{1.3}$$

上式表明初始时刻 t_0，位置位于(x_0, y_0, z_0)的流点，到了 t 时刻，它们分别位于不同的位置上。需要说明的是参数 x_0, y_0, z_0 的引入，仅仅是为了表示不同的流点。而变量 x, y, z 才是用来描述流点运动的，它是时间 t 的函数，或者说随时间的变化而变化，通常将其称为 Lagrange 变量。

根据速度的定义，只需求出流点位置（Lagrange 变量）随时间的变化率，就可以得到相应流点运动的速度，即：

$$\begin{cases} u(x_0, y_0, z_0, t) = \dfrac{\mathrm{d}}{\mathrm{d}t}x(x_0, y_0, z_0, t) \\ v(x_0, y_0, z_0, t) = \dfrac{\mathrm{d}}{\mathrm{d}t}y(x_0, y_0, z_0, t) \text{ 或者 } \mathbf{V}(x_0, y_0, z_0, t) = \dfrac{\mathrm{d}}{\mathrm{d}t}\boldsymbol{r}(x_0, y_0, z_0, t) \\ w(x_0, y_0, z_0, t) = \dfrac{\mathrm{d}}{\mathrm{d}t}z(x_0, y_0, z_0, t) \end{cases} \tag{1.4}$$

2. 欧拉(Euler)观点下流体运动的速度

对于欧拉(Euler)方法，在通常情况下，某一瞬间不同空间点的流点运动状况是不同的，即流体运动的速度应是空间点的函数，而不同时刻的流体运动的速度一般是不同的，故它又是时间的函数，所以有：

$$\mathbf{V} = \mathbf{V}(x, y, z, t) \tag{1.5}$$

其分量形式可以表示为：

$$\begin{cases} u = u(x, y, z, t) \\ v = v(x, y, z, t) \\ w = w(x, y, z, t) \end{cases} \tag{1.6}$$

式中，x, y, z 为空间点坐标。当 x, y, z 取不同值时，上式表示了不同空间点的流速分布，通常称为流速场或流场。若流场不随空间变化，称其为均匀流场，反之，为非均匀流场；若流场不随时间变化，则称其为定常（稳定）流场，反之，为非定常（不稳定）流场。

1.3.3 流体运动的加速度

我们知道加速度是速度随时间的变化率，那么流体的加速度即为流速的时间变率，我们不难得到两种观点下的流体运动的加速度。

Lagrange 观点下流体运动加速度的表达式为：

$$\boldsymbol{a} = \frac{\mathrm{d}}{\mathrm{d}t}\boldsymbol{V}(x_0, y_0, z_0, t) \tag{1.7}$$

而 Euler 观点下流体运动加速度的表达式为：

$$\boldsymbol{a} = \frac{\mathrm{d}}{\mathrm{d}t}\boldsymbol{V}(x, y, z, t) \tag{1.8}$$

式中，$\mathbf{V}=\mathbf{V}[x(t), y(t), z(t), t]$。

将(1.8)式展开：

$$\frac{\mathrm{d}\mathbf{V}}{\mathrm{d}t} = \frac{\partial \mathbf{V}}{\partial t} + \frac{\partial \mathbf{V}}{\partial x}\frac{\mathrm{d}x}{\mathrm{d}t} + \frac{\partial \mathbf{V}}{\partial y}\frac{\mathrm{d}y}{\mathrm{d}t} + \frac{\partial \mathbf{V}}{\partial z}\frac{\mathrm{d}z}{\mathrm{d}t} \tag{1.9}$$

其中，$\mathbf{V} = u\boldsymbol{i} + v\boldsymbol{j} + w\boldsymbol{k} = \frac{\mathrm{d}x}{\mathrm{d}t}\boldsymbol{i} + \frac{\mathrm{d}y}{\mathrm{d}t}\boldsymbol{j} + \frac{\mathrm{d}z}{\mathrm{d}t}\boldsymbol{k}$。

引入那勃勒算符$\boldsymbol{\nabla} \equiv \frac{\partial}{\partial x}\boldsymbol{i} + \frac{\partial}{\partial y}\boldsymbol{j} + \frac{\partial}{\partial z}\boldsymbol{k}$，于是有：

$$\frac{\mathrm{d}\mathbf{V}}{\mathrm{d}t} = \frac{\partial \mathbf{V}}{\partial t} + (\mathbf{V} \cdot \boldsymbol{\nabla})\mathbf{V} = \left(\frac{\partial}{\partial t} + \mathbf{V} \cdot \boldsymbol{\nabla}\right)\mathbf{V} \tag{1.10}$$

其中

$$\mathbf{V} \cdot \boldsymbol{\nabla} = u\frac{\partial}{\partial x} + v\frac{\partial}{\partial y} + w\frac{\partial}{\partial z} \tag{1.11}$$

(1.10)式各项的物理意义如下：

① 左边项表示流体在运动过程中运动速度随时间的变化，即流体运动的加速度，相当于经典力学中的加速度；

② 右端第一项，表示固定空间点上流体的速度变化，是一个局地的概念，也称为局地加速度；

③ 右端第二项，反映了流场非均匀性引起的速度变化，通常称为平流加速度。

微商算符$\frac{\mathrm{d}}{\mathrm{d}t}(\quad) = \frac{\partial}{\partial t}(\quad) + \mathbf{V} \cdot \boldsymbol{\nabla}(\quad)$在流体力学中对于任意的标量和矢量都是适用的，其物理意义如下：

$\frac{\mathrm{d}}{\mathrm{d}t}(\quad)$表示流体在运动过程中所具有的物理量随时间的变化，又称个别变化（或个体变化）；

$\frac{\partial}{\partial t}(\quad)$表示固定空间点上的物理量随时间的变化，又称局地变化；

$\mathbf{V} \cdot \boldsymbol{\nabla}(\quad)$反映了物理量场的非均匀性所引起的变化，称之为平流变化。

一般情况下，通常采用$\frac{\partial}{\partial t}(\quad) = \frac{\mathrm{d}}{\mathrm{d}t}(\quad) - \mathbf{V} \cdot \boldsymbol{\nabla}(\quad)$。此式表明，物理量的局地变化由两部分组成，即个别变化和平流变化。

假定流体在运动过程中所具有的物理量不随时间变化，则：

$$\frac{\mathrm{d}}{\mathrm{d}t}(\quad)=0 \text{ 或 } \frac{\partial}{\partial t}(\quad)=-\boldsymbol{V}\cdot\boldsymbol{\nabla}(\quad)$$

此时，物理量的局地变化完全是由于平流变化所引起的。

如果流体所具有的物理量分布是均匀的，或者说沿流体运动方向是均匀的，则有：

$$\boldsymbol{V}\cdot\boldsymbol{\nabla}(\quad)=0 \text{ 或 } \frac{\partial}{\partial t}(\quad)=\frac{\mathrm{d}}{\mathrm{d}t}(\quad)$$

此时，物理量的局地变化完全是由于个体变化所引起的。

1.4 迹线和流线

前面，我们通过给出数学表达式来描述流体的运动情况，然而却很难清晰地刻画出流体运动的物理图像。为了能直观和形象地描述流体的运动情况，于是，我们将在下面的内容里引进两个概念，即迹线和流线。

1.4.1 迹线

什么是迹线呢？迹线是某个流点在各时刻所行路径的轨迹线，或者说是流体质点运动的轨迹线。它描绘了某一确定流点在不同时刻所处的空间位置和运动方向。显而易见，迹线的概念是与拉格朗日(Lagrange)观点密切相关的，描述迹线的方程其实就是拉格朗日变量，即：

$$\boldsymbol{r}=\boldsymbol{r}(x_0,y_0,z_0,t) \tag{1.12}$$

上式实质上就是迹线的参数方程。当描述流点的参数 x_0,y_0,z_0 取常数时，上式就是在坐标系中某一空间曲线的方程式，而这条空间曲线正是确定的流点在不同时刻所行的路径——迹线。在实际应用中，只需将参数方程中的参数 t 消去，就可以得到迹线方程的普遍表达式。当然，对于 x_0,y_0,z_0 的不同取值，就可以得到不同流点对应的迹线方程，它描述了不同质点的运动轨迹。

1.4.2 流线

在欧拉观点下，一般采用流线的概念来描述流动情况的空间分布。而流线的概念是这样定义的，在某一固定时刻，曲线上的任意一点流速方向与该点切线方向相吻合，这样的曲线称为流线，速度场 $\boldsymbol{V}=\boldsymbol{V}(x,y,z,t)$ 是矢量场，速度场的矢量线就是流线。

设 $\mathrm{d}\boldsymbol{r}$ 为流线的线元矢量

$$\mathrm{d}\boldsymbol{r}=\boldsymbol{i}\mathrm{d}x+\boldsymbol{j}\mathrm{d}y+\boldsymbol{k}\mathrm{d}z \tag{1.13}$$

据流线的定义及矢量积的性质，流线的微分方程为 $\mathrm{d}\boldsymbol{r}\times\boldsymbol{V}=0$，即：

$$\frac{\mathrm{d}x}{u(x,y,z,t)}=\frac{\mathrm{d}y}{v(x,y,z,t)}=\frac{\mathrm{d}z}{w(x,y,z,t)} \tag{1.14}$$

式中，x,y,z,t 为四个相互独立的变量，t 为参数，积分时作常数处理。积分上式即可得到流线方程。它反映了瞬间(对应 t 时刻)流动状况的空间分布。

在定义了流线的基础上，如果我们在流场中，任意作一条不与流线重合的闭合曲线，过闭合曲线上的每一点做出该时刻的流线，由这些流线形成的管状的曲面称之为流管。当然，与流线一样，流管也是一个瞬时的概念。流管的形状与位置，在定常流动中不随时间变化；而在非定常流动中，一般将随时间改变。另外，根据流管的定义，我们可以得知，流体不可能穿过流管侧面，流管不能相交。

1.4.3 迹线和流线的重合条件

需要特别说明的是，迹线和流线是两个不同的概念：应该强调流线是矢量线，它需要确定速度的方向。在通常情况下，二者的物理图像是存在差异的，当然，在流场不随时间变化的定常流动条件下，二者是重合的。在非定常流动中，通常二者是不重合的；而在定常流动中二者是必然重合的。这可以通过如图 1.1 所示的流线、迹线的近似作法来加以说明。

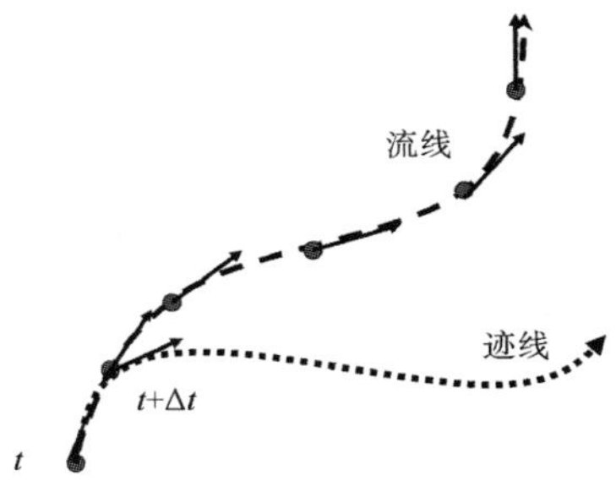

图 1.1 流线和迹线的示意图

关于流线、迹线概念及其二者关系理解的一些说明，补充如下：

(1)定常流动，流线和迹线一定重合；

(2)流线和迹线重合，不一定是定常流动，例如，$u=at,v=0,w=0$；

(3)定常流动，流线不随时间变化；

(4)流线不随时间变化，不一定是定常流动，例如，$u=aty,v=atx,w=0$。

1.5 速度分解

我们知道刚体的运动可以分解为随基点的平动和绕基点的转动两种基本运动，即：

$$\mathbf{V}_{刚} = \mathbf{V}_{平} + \mathbf{V}_{转} \tag{1.15}$$

而流体与刚体不同，具有流动性的特点，显然流体的一般运动要远比刚体的运动复杂得多。流体运动可以包括：①位置变化；②形状大小变化；③流点自身的旋转。

因此，仅用流体的速度场不能完全反映流点的运动学特征，而需要引进其他必要的物理量来对流体运动进行描述。为了充分认识流体运动的本质，在引进相关的物理变量之前，有必要对流体的运动速度进行深入的分析。

为了分析整个流体的运动，通常从分析流场中任意小的流体微团出发(应该注意，流体微团与流点有差别，流体微团是由大量的流体质点所组成的具有线性尺度效应的微小流体块)，这就是所谓的微元分析法。

选择如图 1.2 所示的参考点 $M_0(x_0, y_0, z_0)$ 及邻近一点 $M(x_0+\delta x, y_0+\delta y, z_0+\delta z)$，对应的速度分别为 $\mathbf{V}(M_0)=\mathbf{V}(x_0, y_0, z_0, t)$ 和 $\mathbf{V}(M)=\mathbf{V}(x_0+\delta x, y_0+\delta y, z_0+\delta z, t)$。对参考点速度作 Tailor 展开，将 $\mathbf{V}(M)$ 以参考点速度 $\mathbf{V}(M_0)$ 作 Tailor 展开(x 方向为例)：

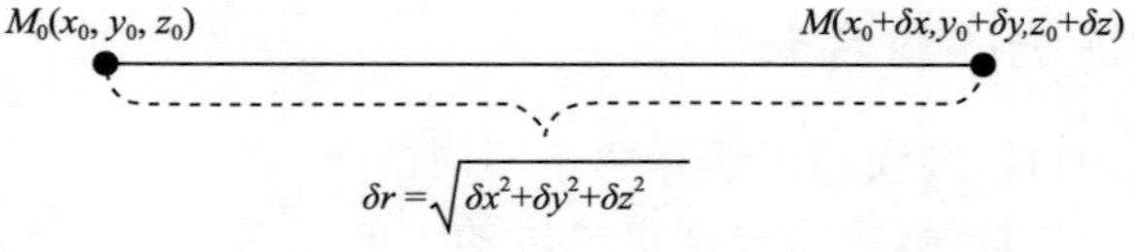

图 1.2　微元分析法示意图

$$u(M) = u(M_0) + \frac{\partial u}{\partial x}\delta x + \frac{\partial u}{\partial y}\delta y + \frac{\partial u}{\partial z}\delta z + \cdots \tag{1.16}$$

$$u(M) = u(M_0) + \frac{\partial u}{\partial x}\delta x + \frac{\partial u}{\partial y}\delta y + \frac{\partial u}{\partial z}\delta z \tag{1.17}$$

对上式进行适当的整理，可得：

$$u(M) = u(M_0) + \frac{\partial u}{\partial x}\delta x + \frac{\partial u}{\partial y}\delta y + \frac{\partial u}{\partial z}\delta z + \frac{1}{2}\frac{\partial v}{\partial x}\delta y - \frac{1}{2}\frac{\partial v}{\partial x}\delta y + \frac{1}{2}\frac{\partial w}{\partial x}\delta z - \frac{1}{2}\frac{\partial w}{\partial x}\delta z \tag{1.18a}$$

并做适当的变换，可以得到：

$$\begin{aligned} u(M) = {} & u(M_0) + \frac{\partial u}{\partial x}\delta x + \frac{1}{2}\left(\frac{\partial u}{\partial y} + \frac{\partial v}{\partial x}\right)\delta y + \frac{1}{2}\left(\frac{\partial u}{\partial z} + \frac{\partial w}{\partial x}\right)\delta z \\ & + \frac{1}{2}\left(\frac{\partial u}{\partial z} - \frac{\partial w}{\partial x}\right)\delta z - \frac{1}{2}\left(\frac{\partial v}{\partial x} - \frac{\partial u}{\partial y}\right)\delta y \end{aligned} \tag{1.18b}$$

定义 $A_{11} = \frac{\partial u}{\partial x}, A_{12} = \frac{1}{2}\left(\frac{\partial u}{\partial y} + \frac{\partial v}{\partial x}\right), A_{13} = \frac{1}{2}\left(\frac{\partial u}{\partial z} + \frac{\partial w}{\partial x}\right)$　(1.19)

$$\omega_y = \frac{1}{2}\left(\frac{\partial u}{\partial z} - \frac{\partial w}{\partial x}\right), \omega_z = \frac{1}{2}\left(\frac{\partial v}{\partial x} - \frac{\partial u}{\partial y}\right) \tag{1.20}$$

则(1.18b)式可以写为：

$$u(M) = u(M_0) + A_{11}\delta x + A_{12}\delta y + A_{13}\delta z + (\omega_y \delta z - \omega_z \delta y) \tag{1.21}$$

对 y,z 方向做类似的处理，最终可得：

$$\begin{cases} u(M) = u(M_0) + A_{11}\delta x + A_{12}\delta y + A_{13}\delta z + (\omega_y \delta z - \omega_z \delta y) \\ v(M) = v(M_0) + A_{21}\delta x + A_{22}\delta y + A_{23}\delta z + (\omega_z \delta x - \omega_x \delta z) \\ w(M) = w(M_0) + A_{31}\delta x + A_{32}\delta y + A_{33}\delta z + (\omega_x \delta y - \omega_y \delta x) \end{cases} \tag{1.22}$$

其中：

$$\begin{cases}\omega_x = \dfrac{1}{2}\left(\dfrac{\partial w}{\partial y} - \dfrac{\partial v}{\partial z}\right) \\ \omega_y = \dfrac{1}{2}\left(\dfrac{\partial u}{\partial z} - \dfrac{\partial w}{\partial x}\right) \\ \omega_z = \dfrac{1}{2}\left(\dfrac{\partial v}{\partial x} - \dfrac{\partial u}{\partial y}\right)\end{cases} \quad 或 \quad \boldsymbol{\omega} = \frac{1}{2}\nabla \times \mathbf{V} \tag{1.23}$$

上式表示流体旋转的角速度。

而

$$\mathbf{A} = \begin{bmatrix} A_{11} & A_{12} & A_{13} \\ A_{21} & A_{22} & A_{23} \\ A_{31} & A_{32} & A_{33} \end{bmatrix}, \mathbf{A} = (e_{ij}) \quad i,j = 1,2,3 \tag{1.24}$$

为流体的形变张量，其中的每个元素表示流体的形变率，具体形式如下：

$$\begin{cases} e_{23} = e_{32} = \dfrac{1}{2}\left(\dfrac{\partial w}{\partial y} + \dfrac{\partial v}{\partial z}\right), e_{11} = \dfrac{\partial u}{\partial x} \\ e_{31} = e_{13} = \dfrac{1}{2}\left(\dfrac{\partial u}{\partial z} + \dfrac{\partial w}{\partial x}\right), e_{22} = \dfrac{\partial v}{\partial y} \\ e_{12} = e_{21} = \dfrac{1}{2}\left(\dfrac{\partial v}{\partial x} + \dfrac{\partial u}{\partial y}\right), e_{33} = \dfrac{\partial w}{\partial z} \end{cases} \tag{1.25}$$

有关以上流体的旋转角速度和形变张量及其物理含义将在下一节详细介绍。

于是，我们可以将速度的表达式(1.22)改写为下式：

$$\mathbf{V} = \mathbf{V}_O + \mathbf{V}_R + \mathbf{V}_D \tag{1.26}$$

其中：

$$\begin{cases} \mathbf{V}_R = \boldsymbol{\omega} \times \delta \boldsymbol{r} \\ \mathbf{V}_D = \mathbf{A} \cdot \delta \boldsymbol{r} \end{cases} \tag{1.27}$$

这就是亥姆霍兹速度分解定理，它表明流体微团的运动可以分解为平动速度 $\mathbf{V}_O$、转动线速度 $\mathbf{V}_R$ 和形变引起的形变线速度 $\mathbf{V}_D$ 三部分。

最后需要指出，流体的速度分析不同于刚体，它只适用于很靠近的范围，且出现了形变线速度。对于刚体运动而言，其转动是作为一个整体来进行的，其角速度是一个整体量；而对于流体，流体域内各点可以以不同的角速度转动，流体的转动角速度是一个局地量。

1.6 涡度、散度和形变率

流点在运动过程中，不但位置发生了变化，其形状大小也可以发生变化，而且流点自身还可以旋转。正是由于以上原因，仅仅采用流体运动的速度很难刻画出流点在运动过程中的上述特征。因此，有必要引进其他的物理量，来表征流点在运动过程中的以上特征。本节将重点讨论流场的涡度、散度和形变张量(形变率)三个派生量，它们是描述流体运动的重要物理变量。

1.6.1 涡度

数学上，定义涡度矢为矢量微分算符∇和速度矢 $\boldsymbol{V}$ 的矢性积，在流体力学中我们将其称为涡度矢，通常采用 Curl$\boldsymbol{V}$，rot$\boldsymbol{V}$，$\boldsymbol{\zeta}$ 等符号来表示，具体表示如下：

$$\nabla\times\boldsymbol{V}=\begin{vmatrix}\boldsymbol{i} & \boldsymbol{j} & \boldsymbol{k}\\ \dfrac{\partial}{\partial x} & \dfrac{\partial}{\partial y} & \dfrac{\partial}{\partial z}\\ u & v & w\end{vmatrix}=\left(\frac{\partial w}{\partial y}-\frac{\partial v}{\partial z}\right)\boldsymbol{i}+\left(\frac{\partial u}{\partial z}-\frac{\partial w}{\partial x}\right)\boldsymbol{j}+\left(\frac{\partial v}{\partial x}-\frac{\partial u}{\partial y}\right)\boldsymbol{k} \tag{1.28}$$

这样的定义，表示了什么样的物理意义呢？我们知道，速度场 $\boldsymbol{V}$ 通常是空间坐标的函数，对其作一阶矢量微商运算所得到的涡度矢，当然应该是反映该流场的一个微商量。为了说明其物理含义，我们将首先引入速度环流的概念，它是流场的一个积分量，在后面我们将发现它与涡度矢是密切相关的。

在流体中取任一闭合曲线 $\boldsymbol{l}$(通常把逆时针方向取为正方向，曲线上任意点对应的线元矢为 d$\boldsymbol{l}$)，然后沿闭合曲线 $\boldsymbol{l}$ 对该闭合曲线上的流速分量求和，如图 1.3 所示。于是：

$$\Gamma=\oint_l \boldsymbol{V}\cdot \mathrm{d}\boldsymbol{l} \tag{1.29}$$

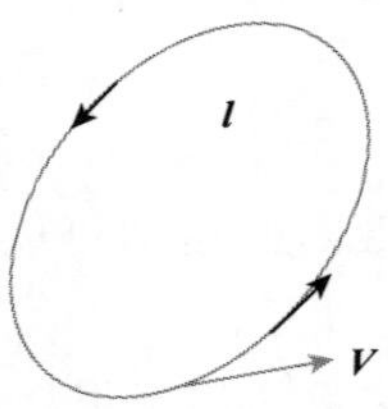

图 1.3　曲线积分示意图

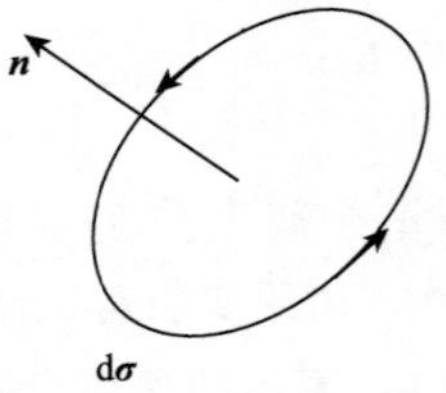

图 1.4　曲面积分示意图

将其称为速度环流，记作 Γ。Γ 表示了流体沿闭合曲线流动趋势的程度。

应用斯托克斯(Stokes)积分公式，将以上曲线积分转化为曲面积分，如图 1.4 所示，则有：

$$\Gamma=\oint_l \boldsymbol{V}\cdot \mathrm{d}\boldsymbol{l}=\iint_\sigma \nabla\times\boldsymbol{V}\cdot \mathrm{d}\boldsymbol{\sigma} \tag{1.30}$$

考虑闭合曲线 $\boldsymbol{l}$ 向内无限收缩，即闭合曲线所围绕的面积 σ 趋向于零，则有：

$$\lim_{\sigma\to 0}\left[\left(\iint_{\sigma}\nabla\times\boldsymbol{V}\cdot\mathrm{d}\boldsymbol{\sigma}\right)\Big/\iint_{\sigma}\mathrm{d}\sigma\right]=\nabla\times\boldsymbol{V}\cdot\boldsymbol{n} \tag{1.31}$$

式中，$\boldsymbol{n}$ 为单位面元 $\mathrm{d}\sigma$ 的外法线方向。

于是，我们不难得到：

$$\nabla\times\boldsymbol{V}\cdot\boldsymbol{n}=\lim_{\sigma\to 0}\Gamma/\sigma \tag{1.32}$$

它表明了流体某点的涡度矢在单位面元 $\mathrm{d}\sigma$ 的外法向分量就是单位面积速度环流的极限值，它是度量流体旋转程度的物理量。

其实，流体涡度本质上反映了流体自身的旋转程度，与流体旋转角速度存在如下关系：

$$2\boldsymbol{\omega}=\nabla\times\boldsymbol{V}\quad\text{或}\quad\begin{cases}\omega_x=\dfrac{1}{2}\left(\dfrac{\partial w}{\partial y}-\dfrac{\partial v}{\partial z}\right)\\ \omega_y=\dfrac{1}{2}\left(\dfrac{\partial u}{\partial z}-\dfrac{\partial w}{\partial x}\right)\\ \omega_z=\dfrac{1}{2}\left(\dfrac{\partial v}{\partial x}-\dfrac{\partial u}{\partial y}\right)\end{cases}\quad\text{或}\quad\boldsymbol{\omega}=\frac{1}{2}\nabla\times\boldsymbol{V} \tag{1.33}$$

以下取涡度矢的分量，从另一个角度来说明上述关系，并阐述其物理意义。

对于二维水平运动：

$$(\nabla\times\boldsymbol{V})_z=(\nabla\times\boldsymbol{V})\cdot\boldsymbol{k}=\frac{\partial v}{\partial x}-\frac{\partial u}{\partial y} \tag{1.34}$$

考虑满足以下条件的流体运动(图 1.5)：

(1) $w=0,\dfrac{\partial u}{\partial x}=\dfrac{\partial v}{\partial y}=0$(不存在法形变)； (1.35)

(2) $\dfrac{\partial v}{\partial x}+\dfrac{\partial u}{\partial y}=0$(不存在切形变)； (1.36)

(3) $\dfrac{\partial v}{\partial x}=-\dfrac{\partial u}{\partial y}>0$(存在旋转)。 (1.37)

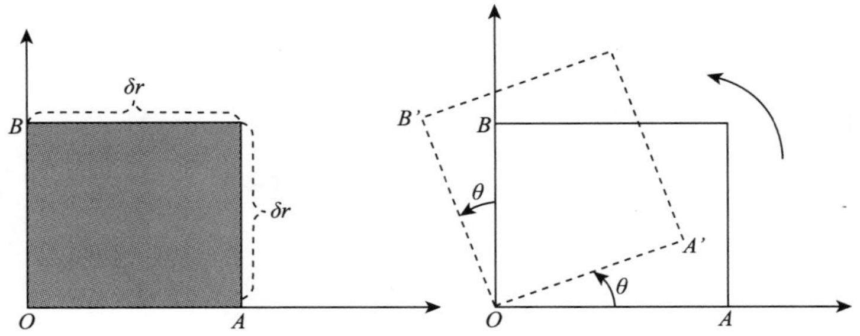

图 1.5　流体面元转动示意图

根据图 1.5 所示，可知：

$$\omega_z = \frac{1}{2}\left(\frac{\partial v}{\partial x} - \frac{\partial u}{\partial y}\right) \longrightarrow \frac{\partial v}{\partial x} \cdot \delta r = \omega_z \cdot \delta r \longrightarrow \frac{\partial v}{\partial x} = \omega_z$$

$$\frac{\partial v}{\partial x} = -\frac{\partial u}{\partial y} = \omega_z \longrightarrow \frac{\partial v}{\partial x} - \frac{\partial u}{\partial y} = 2\omega_z \longrightarrow 2\boldsymbol{\omega} = \nabla \times \boldsymbol{V}。 \tag{1.38}$$

需要注意的是，这里要强调流体涡度为一个局地概念，不能理解为类似刚体的旋转运动，流场的涡度表示其“自转”而不是“公转”。图 1.6 给出了几类特殊的流体运动，可以加深对上述概念的理解。

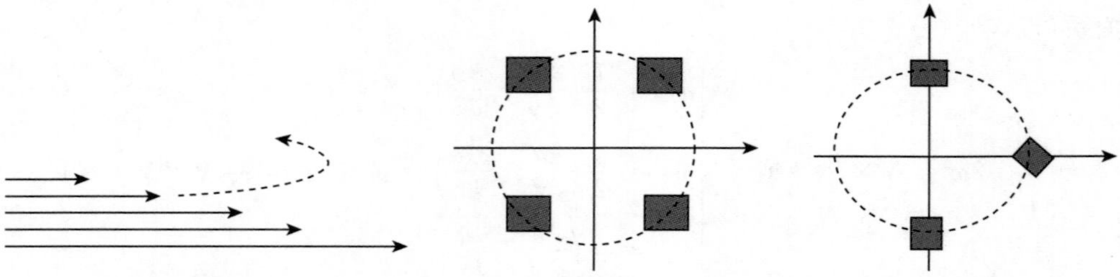

(a)直线有旋运动　(b)无旋圆周运动　(c)有旋圆周运动

图 1.6　几类特殊的流体运动示意图

1.6.2　散度

定义散度为矢量微分算符∇和速度矢 $\boldsymbol{V}$ 的数性积，即：

$$\nabla \cdot \boldsymbol{V} = \frac{\partial u}{\partial x} + \frac{\partial v}{\partial y} + \frac{\partial \omega}{\partial z} \tag{1.39}$$

为了说明散度的概念及物理意义，首先引入流体通量 F 的概念：

$$F = \iint_{\sigma} \boldsymbol{V} \cdot \mathrm{d}\boldsymbol{\sigma} \tag{1.40}$$

应用奥—高公式，将以上曲面积分转化为体积分，则有：

$$\iint_{\sigma} \boldsymbol{V} \cdot \mathrm{d}\boldsymbol{\sigma} = \iiint_{\tau} \nabla \cdot \boldsymbol{V} \mathrm{d}\tau \tag{1.41}$$

当曲面面元向内无限收缩时，即体积元趋向于零，则有：

$$\lim_{\tau \to 0}\left(\iiint_{\tau} \nabla \cdot \boldsymbol{V} \mathrm{d}\tau \Big/ \iiint_{\tau} \mathrm{d}\tau\right) = \nabla \cdot \boldsymbol{V} \tag{1.42}$$

于是有：

$$\nabla \cdot \boldsymbol{V} = \lim_{\tau \to 0} F/\tau \tag{1.43}$$

上式表明，流体散度其实即为单位体积的流体通量。

下面讨论散度在不同条件下的直观的物理意义。

(1) 流体中的任一封闭曲面 σ 为几何面时(场的观点):$\nabla\cdot\boldsymbol{V}>0$ 表示流体净流出;而$\nabla\cdot\boldsymbol{V}<0$ 则表示流体净流入。

(2) 流体中的任一封闭曲面 σ 为流点组成的物质面时:$\nabla\cdot\boldsymbol{V}>0$ 表示封闭曲面向外膨胀;而$\nabla\cdot\boldsymbol{V}<0$ 则封闭曲面向内收缩。实质上反映了流体体积的变化。

为了较为直观地说明散度即为流体的体积膨胀或收缩的速度,取体积为 $\delta x\delta y\delta z$ 的小正方体,如图 1.7 所示。

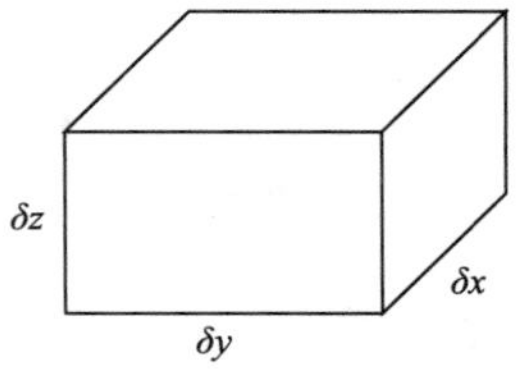

图 1.7 流体体积元示意图

当流体运动时,其单位体积的体积变率称做体胀速度,可以表示为:

$$\text{体胀速度} = \frac{1}{\delta x\delta y\delta z}\frac{\mathrm{d}}{\mathrm{d}t}(\delta x\delta y\delta z) \tag{1.44}$$

对上式进行变换,可以得到:

$$\text{体胀速度} = \frac{\delta}{\delta x}\left(\frac{\mathrm{d}x}{\mathrm{d}t}\right)+\frac{\delta}{\delta y}\left(\frac{\mathrm{d}y}{\mathrm{d}t}\right)+\frac{\delta}{\delta z}\left(\frac{\mathrm{d}z}{\mathrm{d}t}\right)=\frac{\delta u}{\delta x}+\frac{\delta v}{\delta y}+\frac{\delta w}{\delta z}=\nabla\cdot\boldsymbol{V} \tag{1.45}$$

可见,该物理量为度量流体的体积膨胀或收缩的一个量,称之为散度,等于单位体积的体胀速度。

1.6.3 形变率

流体不但会转动和发生体积的膨胀、收缩,而且还会发生形变。前面我们所定义的散度,其实就是一种形变,我们将其称为体形变。散度的三个部分分别表示了沿三个坐标轴伸长和缩短的形变率,称之为轴形变或法形变。其实流体的形变包括法形变和切形变(或剪形变)。

1. 法形变

所谓法形变率,又称为线形变率,即单位长度的流体速度变化率。

下面来具体讨论这个问题,以一维运动 $u=u(x)$,$v=w=0$ 为例,根据 Tailor 展开有:

$$u(M) = u_0 + \left(\frac{\partial u}{\partial x}\right)_0\delta x \tag{1.46}$$

定义

$$e_{11} = \left(\frac{\partial u}{\partial x}\right)_0 = \frac{u(M)-u_0}{\delta x} \tag{1.47}$$

同理可有 $e_{22} = \left(\frac{\partial v}{\partial y}\right)_0$,$e_{33} = \left(\frac{\partial w}{\partial z}\right)_0$。

最终可导出三个方向的法形变率:

$$e_{xx} = \frac{\partial u}{\partial x},e_{yy} = \frac{\partial v}{\partial y},e_{zz} = \frac{\partial w}{\partial z}$$

可见，三者之和为体形变，即：

$$\frac{\partial u}{\partial x}+\frac{\partial v}{\partial y}+\frac{\partial w}{\partial z}=\nabla\cdot\boldsymbol{V}$$

当然，对于二维问题，即只考虑平面流动，两维散度可以称为面形变率，它就是面积或面元的膨胀速度，此时 $D=\nabla_h\cdot\boldsymbol{V}=\nabla_2\cdot\boldsymbol{V}=\frac{\partial u}{\partial x}+\frac{\partial v}{\partial y}$。

2. 切形变

除了流体的法形变，流体还存在切形变（或剪形变），这是我们要着重讨论的。切形变是指流体质点线间夹角的相向改变率。

切形变表示为：

$$\begin{cases}e_{23}=e_{32}=\frac{1}{2}\left(\frac{\partial w}{\partial y}+\frac{\partial v}{\partial z}\right)\\ e_{31}=e_{13}=\frac{1}{2}\left(\frac{\partial u}{\partial z}+\frac{\partial w}{\partial x}\right)\\ e_{12}=e_{21}=\frac{1}{2}\left(\frac{\partial v}{\partial x}+\frac{\partial u}{\partial y}\right)\end{cases}\tag{1.48}$$

下面重点来讨论以上各量的物理含义。研究无体形变（或法形变）情况下流体的形变，考虑满足以下条件的流体运动（图 1.8）：

(1) $w=0,\frac{\partial u}{\partial x}=\frac{\partial v}{\partial y}=0$（不存在法形变） (1.49)

(2) $\frac{\partial v}{\partial x}=\frac{\partial u}{\partial y}>0$（存在切形变，不存在旋转） (1.50)

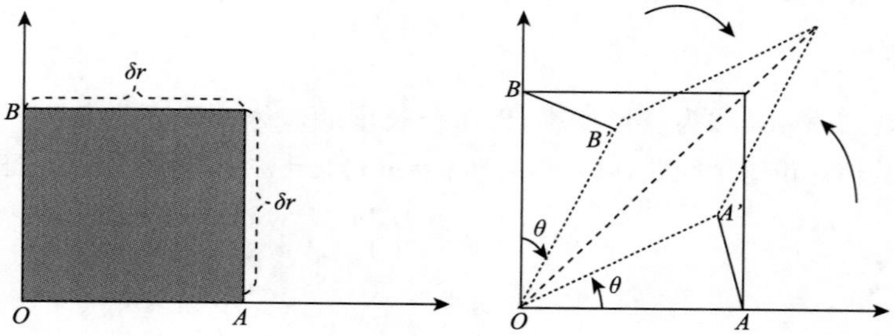

图 1.8 流体面元形变示意图

根据图 1.8 所示，并考虑到$\frac{\partial v}{\partial x}=\frac{\partial u}{\partial y}>0$，则有：

$$\begin{cases}u_A=u_0\\ v_A=v_0+\left(\frac{\partial v}{\partial x}\right)_0\delta r\end{cases}\tag{1.51}$$

$$\begin{cases} u_B = u_0 + \left(\dfrac{\partial u}{\partial y}\right)_0 \delta r \\ v_B = v_0 \end{cases} \tag{1.52}$$

进一步分析，可以得到：

$$\frac{\partial u}{\partial y} \cdot \delta r = \theta \cdot \delta r \rightarrow \frac{\partial u}{\partial y} = \theta \tag{1.53}$$

$$\frac{\partial v}{\partial x} \cdot \delta r = \theta \cdot \delta r \rightarrow \frac{\partial v}{\partial x} = \theta \tag{1.54}$$

最终有：

$$e_{12} = e_{21} = \frac{1}{2}\left(\frac{\partial v}{\partial x} + \frac{\partial u}{\partial y}\right) = \theta \tag{1.55}$$

可见，切形变率反映了流体线元间夹角的相向改变率。

同理，可以导出：

$$\begin{cases} e_{23} = e_{32} = \dfrac{1}{2}\left(\dfrac{\partial w}{\partial y} + \dfrac{\partial v}{\partial z}\right) \\ e_{31} = e_{13} = \dfrac{1}{2}\left(\dfrac{\partial u}{\partial z} + \dfrac{\partial w}{\partial x}\right) \end{cases} \tag{1.56}$$

3. 形变张量

实际上，速度的三个分量分别对三个坐标变量求微商，可以写成矩阵的形式：

$$\left(\frac{\partial u_k}{\partial x_l}\right) = \begin{bmatrix} \dfrac{\partial u}{\partial x} & \dfrac{\partial v}{\partial x} & \dfrac{\partial w}{\partial x} \\ \dfrac{\partial u}{\partial y} & \dfrac{\partial v}{\partial y} & \dfrac{\partial w}{\partial y} \\ \dfrac{\partial u}{\partial z} & \dfrac{\partial v}{\partial z} & \dfrac{\partial w}{\partial z} \end{bmatrix} = \begin{pmatrix} e_{xx} & e_{xy} & e_{xz} \\ e_{yx} & e_{yy} & e_{yz} \\ e_{zx} & e_{zy} & e_{zz} \end{pmatrix} + \begin{pmatrix} 0 & \Omega_{xy} & -\Omega_{xz} \\ -\Omega_{yx} & 0 & \Omega_{yz} \\ \Omega_{zx} & -\Omega_{zy} & 0 \end{pmatrix} \tag{1.57}$$

式中，

$$\begin{cases} \Omega_{xy} = \Omega_{yx} = \dfrac{1}{2}\left(\dfrac{\partial v}{\partial x} - \dfrac{\partial u}{\partial y}\right) = \dfrac{1}{2}(\mathbf{\nabla} \times \mathbf{V})_z \\ \Omega_{yz} = \Omega_{zy} = \dfrac{1}{2}\left(\dfrac{\partial w}{\partial y} - \dfrac{\partial v}{\partial z}\right) = \dfrac{1}{2}(\mathbf{\nabla} \times \mathbf{V})_x \\ \Omega_{zx} = \Omega_{xz} = \dfrac{1}{2}\left(\dfrac{\partial u}{\partial z} - \dfrac{\partial w}{\partial x}\right) = \dfrac{1}{2}(\mathbf{\nabla} \times \mathbf{V})_y \end{cases} \tag{1.58}$$

式中，$\mathbf{\nabla} \times \mathbf{V}$ 为涡度矢。

$$\mathbf{A} = (e_{ij}) \quad i,j = 1,2,3 \quad \mathbf{A} = \begin{bmatrix} A_{11} & A_{12} & A_{13} \\ A_{21} & A_{22} & A_{23} \\ A_{31} & A_{32} & A_{33} \end{bmatrix} \tag{1.59}$$

综上所述，在讨论流体运动或流场的演变和特征时，除分析速度矢量外，还需要分析其相应的散度场、涡度场和形变张量，才能对流场有较为深刻的了解。

1.7 小结与例题

1.7.1 小结

本章重点讲述了流体的主要物理性质：流动性、黏性和压缩性，强调流体的上述性质与刚体之间的显著差别；在此基础上引入流点的概念，介绍研究流体运动时的宏观模型——连续介质假设。介绍了描述流体运动的两种基本观点；在此基础上引入流体运动的速度和加速度的概念，重点强调流体的个体变化、局地变化和平流变化的概念和物理实质。从流体运动的宏观物理图像出发，介绍迹线和流线的概念，讲述其物理含义，并重点介绍流线、迹线的求解方法和二者的差异；重点通过讲述亥姆霍兹速度分解定理，帮助我们理解流体运动的实质。重点讲述了流体力学中最基本的物理量：涡度、散度和形变率，为后面的内容奠定基础。

1.7.2 例题

例 1.1 已知 Lagrange 变量$\begin{cases}x=ae^{t}\\y=be^{-t}\\z=c\end{cases}$，求流体运动的速度和加速度。

解：根据流体运动的速度定义：

$$u=\frac{\mathrm{d}x}{\mathrm{d}t}=ae^{t},v=\frac{\mathrm{d}y}{\mathrm{d}t}=-be^{-t},w=\frac{\mathrm{d}z}{\mathrm{d}t}=0$$

再根据流体运动的加速度定义：

$$a_x=\frac{\mathrm{d}u}{\mathrm{d}t}=ae^{t},a_y=\frac{\mathrm{d}v}{\mathrm{d}t}=be^{-t},a_z=\frac{\mathrm{d}w}{\mathrm{d}t}=0。$$

例 1.2 已知 Euler 变量 $u=x,v=-y,w=0$，求流体的加速度。

解：根据流体运动的加速度定义：

$$\begin{cases}a_x=\dfrac{\mathrm{d}u}{\mathrm{d}t}=\dfrac{\partial u}{\partial t}+u\dfrac{\partial u}{\partial x}+v\dfrac{\partial u}{\partial y}+w\dfrac{\partial u}{\partial z}=x\\[2ex]a_y=\dfrac{\mathrm{d}v}{\mathrm{d}t}=\dfrac{\partial v}{\partial t}+u\dfrac{\partial v}{\partial x}+v\dfrac{\partial v}{\partial y}+w\dfrac{\partial v}{\partial z}=y\\[2ex]a_z=\dfrac{\mathrm{d}w}{\mathrm{d}t}=\dfrac{\partial w}{\partial t}+u\dfrac{\partial w}{\partial x}+v\dfrac{\partial w}{\partial y}+w\dfrac{\partial w}{\partial z}=0\end{cases}$$

例 1.3 假设流体运动的 Lagrange 变量为 $x=\sqrt{x_0^2+y_0^2}\cos\left(\omega t+\mathrm{tg}^{-1}\dfrac{y_0}{x_0}\right)$，

$y=\sqrt{x_0^2+y_0^2}\sin\left(\omega t+\mathrm{tg}^{-1}\dfrac{y_0}{x_0}\right)$，$z=z_0$，求迹线方程。

解：消去 Lagrange 变量中的参数 t，即可得迹线方程：

$$x^2+y^2=x_0^2+y_0^2, z=z_0。$$

例 1.4　假设流体运动的 Euler 变量为 $u=-\omega y$，$v=\omega x$，$w=0$，求流线方程。

解：流线方程为：

$$\frac{\mathrm{d}x}{-\omega y}=\frac{\mathrm{d}y}{\omega x}=\frac{\mathrm{d}z}{0}\longrightarrow\begin{cases}\omega(x\mathrm{d}x+y\mathrm{d}y)=0\\ \mathrm{d}z=0\end{cases}\longrightarrow x^2+y^2=c_1, z=c_2。$$

例 1.5　流体运动由 Euler 变量表示为：$u=kx$，$v=ky$，$w=0$，其中 k 为常数。

(1)求流线方程，并给出图示；

(2)请问同一地点不同时刻流速是否相同？同一流点不同时刻的流速是否相同？

解：(1) $\begin{cases}\dfrac{\mathrm{d}x}{kx}=\dfrac{\mathrm{d}y}{ky}\\ \mathrm{d}z=0\end{cases}\longrightarrow\begin{cases}y=c_1x\\ z=c_2\end{cases}$，即为流线方程。

图示如下：

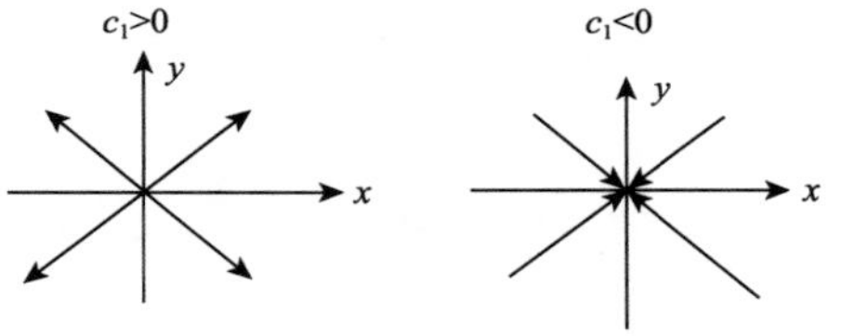

(2)考虑到流动与时间无关，为定常流动，因此，同一地点不同时刻流速相同；同一流点不同时刻的流速不相同。

例 1.6　已知流场：$u=mx$，$v=my$，$w=m$，其中 m 为常数，计算坐标原点 O 附近点的转动线速度和形变线速度。

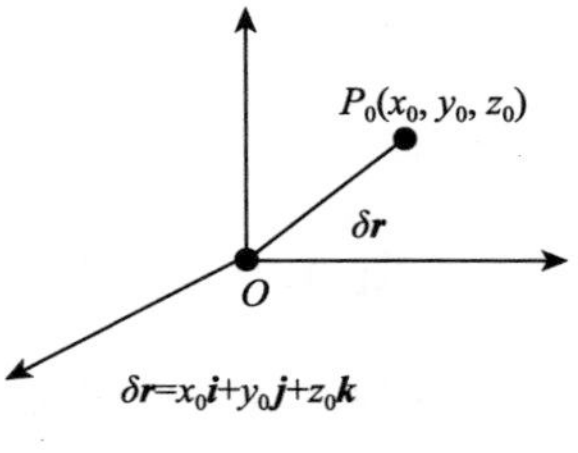

解：根据 $\mathbf{V}_D=\mathbf{A}|_O\cdot\delta\boldsymbol{r}$，$\mathbf{V}_R=\boldsymbol{\omega}|_O\times\delta\boldsymbol{r}$，需要计算：

$$\boldsymbol{\omega}=\frac{1}{2}\nabla\times\mathbf{V}, \mathbf{A}=(e_{ij})\quad i,j=1,2,3$$

对于转动线速度：

$$(\nabla\times\mathbf{V})|_O=0\longrightarrow\mathbf{V}_R|_{P_0}=0$$

对于形变动线速度：

$$\mathbf{A}=\begin{bmatrix}m&0&0\\0&m&0\\0&0&0\end{bmatrix}\longrightarrow\mathbf{V}_D|_{P_0}=(x_0,y_0,z_0)\cdot\begin{bmatrix}m&0&0\\0&m&0\\0&0&0\end{bmatrix}=m(x_0\boldsymbol{i}+y_0\boldsymbol{j})。$$

习题 1

习题 1.1 已知流体运动的速度场如下,分别求流体运动的加速度;并说明各种情况下产生加速度的原因:

(1) $\begin{cases} u=-ay \\ v=ax \end{cases}$($a$ 为常数);(2) $\begin{cases} u=mt \\ v=nt \end{cases}$($m,n$ 为常数);(3) $\begin{cases} u=x+2t \\ v=y-t \end{cases}$。

习题 1.2 已知 A、B 两地相距 3600 km,假定 A 地某时刻的温度为 10℃,而 B 地的温度为 15℃,并且由 A 向 B 的气流速度为 10 m/s。

(1)如果流动过程中空气的温度保持不变,问 24 h 后 B 地的温度将下降多少度?

(2)由于气团变性,温度的变化为 2.5℃/天,则 B 地的温度变化又将如何?

习题 1.3 已知流场为 $u=xt,v=yt,w=zt$,该流场中温度的分布为 $T=At^2/(x^2+y^2+z^2)$,其中 A 为已知常数,求初始位置位于 $x=a,y=b,z=c$ 的流点温度随时间的变化率。

习题 1.4 已知 Lagrange 变量 $\begin{cases} x=ae^{t} \\ y=be^{-t} \\ z=c \end{cases}$,求迹线。

习题 1.5 已知流体运动的速度场为 $\begin{cases} u=-y \\ v=x \end{cases}$,求流场的迹线和流线。

习题 1.6 已知流体运动的速度场为 $\begin{cases} u=x \\ v=-y \end{cases}$,求该流场中通过(1,1)点的流线。

习题 1.7 已知流体运动的速度场为 $\begin{cases} u=x+t \\ v=-y+t \end{cases}$,求 $t=0$ 时刻,过点 $M(-1,-1)$ 的流线。

习题 1.8 已知流体二维速度场为 $\begin{cases} u=x^2+y^2 \\ v=x^2+y^2 \end{cases}$,分别计算涡度和散度。

习题 1.9 已知流体速度场分别为:(1)$u=2\omega y,v=w=0$;(2)$u=-\omega y,v=\omega x,w=0$;(3)$u=-\dfrac{y}{x^2+y^2},v=\dfrac{x}{x^2+y^2},w=0$,分别判断上述流体运动是否有旋,是否有辐散和形变?

第2章 流体运动的控制方程

流体运动同其他物体的运动一样，同样遵循质量守恒定律、动量定理（牛顿第二运动定律）和能量守恒定律（热力学第一定律）等基本物理定律。这些基本定律是对确定的物质系统而言的，只有确定系统在其状态发生变化的过程中保持其质量及组成成分不变，即保持其同一性的前提下才能应用这些基本定律。这种分析方法称为系统法，一般力学中都采用。但在流体运动的研究中，欲保持一系统的同一性，还要跟踪该系统进行研究，通常是很困难的。比较方便的分析方法是采用欧拉方法，研究确定的空间体积范围内流体物理量的变化规律，这就是所谓控制体积的方法。因此，需要由已知的适用于系统的基本定律表达式导出对控制体积适用的形式。

本章将根据质量守恒定律、牛顿第二定律和能量守恒定律等基本物理定律导出描述流体运动的连续性方程、运动方程和能量方程。

2.1 流体的连续性方程

流体的连续性方程是经典力学中的质量守恒定律在流体力学中的具体表达形式。

2.1.1 欧拉观点的流体连续性方程

在空间上选取一个无限小的体元，如图 2.1 所示，沿三个坐标轴方向的控制体的边长分别为：δx，δy，δz。

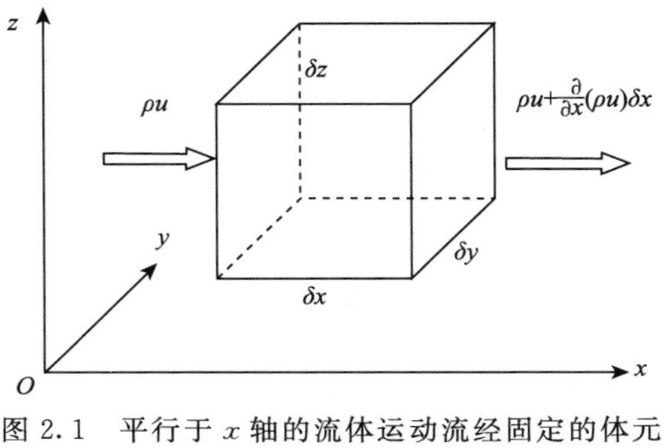

图 2.1 平行于 x 轴的流体运动流经固定的体元

单位时间内通过左侧面流入体元的流体质量为 $\rho u\delta y\delta z$，单位时间内通过右侧面流出体元的流体质量为 $\left[\rho u+\frac{\partial}{\partial x}(\rho u)\delta x\right]\delta y\delta z$，所以，单位时间内 x 方向上流体通过体元的质量净流出量为 $\left[\rho u+\frac{\partial}{\partial x}(\rho u)\delta x\right]\delta y\delta z-\rho u\delta y\delta z=\frac{\partial}{\partial x}(\rho u)\delta x\delta y\delta z$。

类似可得到 y，z 方向上的表达式，这样，单位时间内通过整个体元的流体净流出量为 $\left[\frac{\partial}{\partial x}(\rho u)+\frac{\partial}{\partial y}(\rho v)+\frac{\partial}{\partial z}(\rho w)\right]\delta x\delta y\delta z$。单位时间内，该体元内的质量减少为 $-\frac{\partial\rho}{\partial t}\delta x\delta y\delta z$。

根据质量守恒定律，对于固定的体元，单位时间内流出体元的流体质量应等于单位时间内该体元内质量的减少，由此得到：

$$\frac{\partial\rho}{\partial t}+\frac{\partial}{\partial x}(\rho u)+\frac{\partial}{\partial y}(\rho v)+\frac{\partial}{\partial z}(\rho w)=0 \tag{2.1}$$

即：

$$\frac{\partial\rho}{\partial t}+\nabla\cdot(\rho\boldsymbol{V})=0 \tag{2.2}$$

或者写成 $\frac{\partial\rho}{\partial t}=-\nabla\cdot(\rho\boldsymbol{V})$。

这就得到了欧拉观点的连续性方程，其中 $\nabla\cdot(\rho\boldsymbol{V})$ 类似于流体速度散度的定义，将其称做流体的质量散度，它表示单位体积的流体质量通量。从上述方程可以看出：

(1) 当 $\nabla\cdot(\rho\boldsymbol{V})>0$ 时，流体有净流出，则 $\frac{\partial\rho}{\partial t}<0$，即流体局地密度减小；

(2) 当 $\nabla\cdot(\rho\boldsymbol{V})<0$ 时，流体有净流入，则 $\frac{\partial\rho}{\partial t}>0$，即流体局地密度增大；

(3) 当 $\nabla\cdot(\rho\boldsymbol{V})=0$ 时，流体无净流出流入，则 $\frac{\partial\rho}{\partial t}=0$，即流体局地密度保持不变。

对于流体的定常运动，有：

$$\frac{\partial\rho}{\partial t}=0 \tag{2.3}$$

此时，流体的连续性方程可写为：

$$\nabla\cdot(\rho\boldsymbol{V})=0 \tag{2.4}$$

及

$$\iint_{\sigma}\rho\boldsymbol{V}\cdot\mathrm{d}\boldsymbol{\sigma}=0 \tag{2.5}$$

由此可知，在定常运动中，通过任意体元表面流体质量的净流出（流入）量等于零，即单位时间内流出体元表面的质量等于流进体元表面的质量。

对于流管中的定常流动，设平均运动的流速与截面垂直，且平均密度和流速在任意截面内为定值，则沿流管有：

$$\rho v \sigma = 常数 \tag{2.6}$$

2.1.2 拉格朗日观点的流体连续性方程

下面根据质量守恒定律导出拉格朗日观点的流体运动的连续性方程。

考虑某一固定质量为 δm 的流体微团运动，其体积为 $\delta\tau = \delta x \delta y \delta z$，有 $\delta m = \rho \delta x \delta y \delta z$。根据质量守恒定律可知，其质量 δm 在流动过程中是不会随时间发生变化，有：

$$\frac{1}{\delta m}\frac{\mathrm{d}}{\mathrm{d}t}(\delta m) = \frac{1}{\rho\delta\tau}\frac{\mathrm{d}}{\mathrm{d}t}(\rho\delta\tau) = \frac{1}{\rho}\frac{\mathrm{d}\rho}{\mathrm{d}t} + \frac{1}{\delta\tau}\frac{\mathrm{d}}{\mathrm{d}t}(\delta\tau) = 0 \tag{2.7}$$

而根据散度的定义，可知：

$$\frac{1}{\delta\tau}\frac{\mathrm{d}}{\mathrm{d}t}(\delta\tau) = \nabla \cdot \boldsymbol{V} \tag{2.8}$$

可得到：

$$\frac{\mathrm{d}\rho}{\mathrm{d}t} + \rho\,\nabla \cdot \boldsymbol{V} = 0 \tag{2.9}$$

这就是拉格朗日(Lagrange)观点的流体连续性方程。

从(2.9)式可以看出，流体的连续性方程实质上反映了流体密度的变化与流速分布的约束关系，即：

(1)当$\nabla \cdot \boldsymbol{V} > 0$ 时，流体体积增大，则$\frac{\mathrm{d}\rho}{\mathrm{d}t} < 0$，即流体密度减小；

(2)当$\nabla \cdot \boldsymbol{V} < 0$ 时，流体体积减小，则$\frac{\mathrm{d}\rho}{\mathrm{d}t} > 0$，即流体密度增大；

(3)当$\nabla \cdot \boldsymbol{V} = 0$ 时，流体体积不变，则$\frac{\mathrm{d}\rho}{\mathrm{d}t} = 0$，即流体密度不变。

也就是说流体本身的密度变化是由于流体的辐合、辐散所造成的，只有满足以上约束条件的情况下，才能保证流体的连续介质假设。

对于不可压缩流体，它在流动过程中每个流体微团的密度始终保持不变，应有$\frac{\mathrm{d}\rho}{\mathrm{d}t} = 0$，此时流体的连续性方程为：

$$\nabla \cdot \boldsymbol{V} = 0 \tag{2.10}$$

即按照拉格朗日观点，不可压缩流体就是流体块在运动过程中其体积膨胀(或压缩)速度等于零。对于均质不可压缩流体，流场内任何瞬时任意点上的密度恒为常数，即 $\rho =$ 常数。

2.1.3 具有自由表面的流体连续性方程

通常把自然界中水与空气的交界面称为水面或水表面。当水向某处汇集时，该处水面将被拥挤而升高；反之，当该处有水向四周流散开时，将使得那里的水面降低，这种因流动而伴随出现的可以升降的水面，在流体力学中称之为自由表面。下面具体推导具有自由表面的流体连续性方程。

假设流体微团密度为 $\rho=\rho(x,y,z,t)$，考虑流体运动为准二维的，即满足：$w\approx 0$，$\frac{\partial}{\partial z}=0$，并选取适当的坐标轴，取流向方向为 x 轴正方向。设流体的自由表面高度为 h，且 $h=h(x,y,t)$，即 h 在各处高低不同且可以随时间变化。

在流体中，选取一个以 $\delta x\delta y$ 为底的方形柱体，如图 2.2 所示，这一柱体是一固定不动的空间区域，将这一柱体称之为控制区，很显然，这与前面所讨论的欧拉观点相对应，而不是拉格朗日观点。流体可以通过控制区的侧面，流出、流入该柱体。

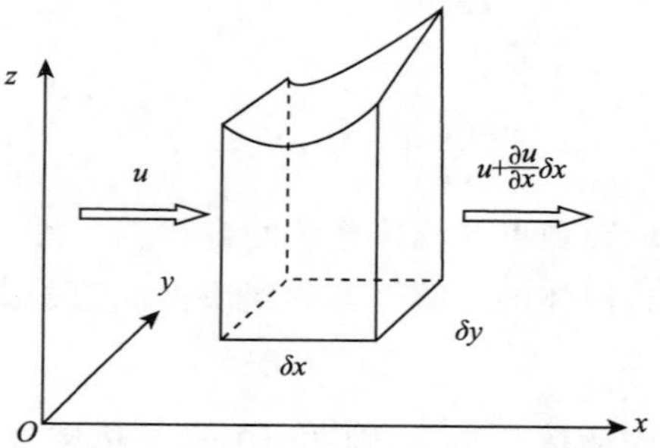

图 2.2　具有流体自由表面的小六面体柱体元

考虑柱体内流体的质量为：

$$\delta m=\int_0^h(\rho\delta x\delta y)\delta z \tag{2.11}$$

经流体柱左侧流入的流体质量应为：

$$\int_0^h(\rho u\delta y)\delta z$$

同时，经流体柱右侧流出的流体质量应为：

$$\int_0^h(\rho u\delta y)\delta z+\frac{\partial}{\partial x}\left[\int_0^h(\rho u\delta y)\delta z\right]\delta x$$

流出质量减去流入质量，可以得到柱体内的净流出量，它等于柱体内质量的减少（或者说，流入质量减去流出质量，得到柱体内的净流入量，它等于柱体内质量的增加），即：

$$-\frac{\partial}{\partial t}\int_0^h(\rho\delta x\delta y)\delta z=\frac{\partial}{\partial x}\left[\int_0^h(\rho u\delta y)\delta z\right]\delta x \tag{2.12}$$

由于上式积分中的上限 h 为 x,y,t 的函数，根据可变上限的积分规则：

$$\frac{\mathrm{d}}{\mathrm{d}t}\int_{b(t)}^{a(t)}f(x,t)\mathrm{d}x=\int_{b(t)}^{a(t)}f'_t(x,t)\mathrm{d}x+f[a(t),t]\frac{\mathrm{d}a(t)}{\mathrm{d}t}-f[b(t),t]\frac{\mathrm{d}b(t)}{\mathrm{d}t}$$

对上式两项展开，左端项为：

$$-\frac{\partial}{\partial t}\int_0^h(\rho\delta x\delta y)\delta z=-\int_0^h\frac{\partial\rho}{\partial t}\delta z\delta x\delta y-\rho\frac{\partial z}{\partial t}\bigg|_0^h\delta x\delta y=-\int_0^h\frac{\partial\rho}{\partial t}\delta z\delta x\delta y-\rho_h\frac{\partial h}{\partial t}\delta x\delta y$$

右端项为：

$$\begin{aligned}\frac{\partial}{\partial x}\left[\int_0^h(\rho u\delta y)\delta z\right]\delta x&=\delta x\delta y\left[\int_0^h\frac{\partial(\rho u)}{\partial x}\delta z+\frac{\partial h}{\partial x}\rho_h u\right]\\&=\delta x\delta y\left[\int_0^h\rho\frac{\partial u}{\partial x}\delta z+\int_0^h u\frac{\partial\rho}{\partial x}\delta z+\frac{\partial h}{\partial x}\rho_h u\right]\end{aligned}$$

考虑到 $u,\frac{\partial u}{\partial x}$ 与 z 无关，并消去等式两端的公共项 $\delta x\delta y$，最终可以得到：

$$\frac{\partial h}{\partial t}\rho_h+\int_0^h\frac{\partial\rho}{\partial t}\delta z+\frac{\partial h}{\partial x}\rho_h u+\int_0^h\frac{\partial\rho}{\partial x}u\delta z+\left(\int_0^h\rho\,\mathrm{d}z\right)\frac{\partial u}{\partial x}=0 \tag{2.13}$$

考虑水为不可压缩的，根据连续性方程，即 $\int_0^h\left(\frac{\partial\rho}{\partial t}+u\frac{\partial\rho}{\partial x}\right)\delta z=0$，可以得到：

$$\frac{\partial h}{\partial t}+u\frac{\partial h}{\partial x}+\left(\frac{1}{\rho_h}\int_0^h\rho\,\mathrm{d}z\right)\frac{\partial u}{\partial x}=0 \tag{2.14}$$

式中，ρ_h 为自由表面高度上的密度值。对于均质流体或者自由面附近的流体及浅层流体（h 为小值，ρ 可近似取为常数 ρ_h），即：

$$\frac{1}{\rho_h}\int_0^h\rho\,\mathrm{d}z=\begin{cases}h & \text{均匀流体}\\ \Rightarrow h & \text{自由表面附近的流体（浅流体）}\end{cases}$$

有：

$$\frac{\partial h}{\partial t}+u\frac{\partial h}{\partial x}+h\frac{\partial u}{\partial x}=0 \tag{2.15}$$

上面讨论时，流动方向仅取 x 轴，如流动方向取任意方向，则上式可以改写为：

$$\frac{\partial h}{\partial t}+\nabla\cdot(h\mathbf{V})=0\ \text{或}\ \frac{\partial h}{\partial t}+\mathbf{V}\cdot\nabla h+h\,\nabla\cdot\mathbf{V}=0 \tag{2.16}$$

这就是自由表面高度所表示的连续性方程，它是讨论水面波动及简单的大气动力学问题所经常用到的。

2.2 质量力　表面力　应力张量

在下一节中，将根据牛顿第二运动定律导出流体运动方程，在推导流体运动方程之前，先分析讨论作用于流体块的力。

2.2.1 质量力

质量力是指不需要直接接触而作用于流体的力。质量力是长程力，它随相互作用元素之间距离的增加而缓慢减小，对于一般流体运动的特征距离而言，它均能显示出来。例如，重力、电磁力和万有引力等均是质量力。此外，质量力是一种分布力，它分布在流体块的整个体积内。流体块所受的质量力与其周围有无其他流体并无关系。

如果 $\boldsymbol{F}$ 表示单位质量的流体的质量力，规定其为：

$$\boldsymbol{F} = \lim_{\delta m \to 0} \frac{\delta \boldsymbol{F}'}{\delta m} \tag{2.17}$$

式中，$\delta \boldsymbol{F}'$ 是作用在质量为 δm 的流体块上的质量力，从上式不难看出，$\boldsymbol{F}$ 可以看做是质量力的分布密度。显然对处于重力作用的物体而言，质量力的分布密度，或者说单位质量流体的质量力就是重力加速度 $\boldsymbol{g}$。通过体积分，可以得到作用于体积为 τ 的流体块上的质量力为 $\iiint_{\tau} \rho \boldsymbol{F} \mathrm{d}\tau$ 。

2.2.2 表面力

表面力是通过直接接触而作用于流体界面上的力，表面力是短程力，它直接起源于分子间的相互作用。表面力随相互作用元素间距离的增加而极迅速地减弱。只有当相互作用元素间的距离与分子间距离属同量级时表面力才显示出来。因而，相互作用的元素必须直接接触，表面力才存在。根据作用力与反作用力原理，流体块内各部分之间的表面力都是相互作用而且又是相互抵消的，只有处于界面上的流体质点所受的，由界面外侧流体质点所施加的表面力存在，这就是作用在流体块的表面上的表面力。

流体内各部分之间，或流体与固体之间通过邻接表面的相互作用力均属表面力。例如，大气对液面的压力，固体壁界对流体的作用力、流体内的摩擦力等均为表面力。

通常以表面力在作用面上的分布密度来表示它，定义单位面积上的表面力 $\boldsymbol{p}$ 为：

$$\boldsymbol{p} = \lim_{\delta\sigma \to 0} \frac{\delta \boldsymbol{p}'}{\delta \sigma} \tag{2.18}$$

式中，$\delta \boldsymbol{p}'$ 是作用于某个流体面积 $\delta\sigma$ 上的表面力，通过面积分，可以得到某流体块与周围流体接触面 σ 上所受到的表面力为 $\iint_{\sigma} \boldsymbol{p} \delta\sigma$ 。

从以上的定义中，可以发现质量力 $\boldsymbol{F}$ 和表面力 $\boldsymbol{p}$ 有着本质的差别。本质上，矢

量 $\boldsymbol{F}$ 是质量力的分布密度，它是时间点和空间点的函数。而矢量 $\boldsymbol{p}$ 为流体的应力矢量，它不但是时间点和空间点的函数，并且在空间每一点还随着受力面元的取向不同而变化。因此，表面应力矢量 $\boldsymbol{p}$ 是作用点的矢径 $\boldsymbol{r}$ 和作用面元的正法向单位矢量 $\boldsymbol{n}$ 这两个矢量及时间 t 的函数，即 $\boldsymbol{p}(\boldsymbol{n},\boldsymbol{r},t)$。

由于大家对质量力较为熟悉，下面仅对表面力进行更详细的说明，以便加深大家对应力矢量 $\boldsymbol{p}$ 的理解，并介绍与表面力密切相关的应力张量的概念。

2.2.3 应力张量

如图 2.3 所示，在流体中取四面体元 MABC，其侧面 MBC，MCA，MAB 分别垂直于 x 轴、y 轴和 z 轴，底面 ABC 的法线方向为 $\boldsymbol{n}$，是任意的，底面积为 $\delta\sigma_n$。三个侧面 MBC，MCA，MAB 的面积分别为 $\delta\sigma_x$，$\delta\sigma_y$，$\delta\sigma_z$。

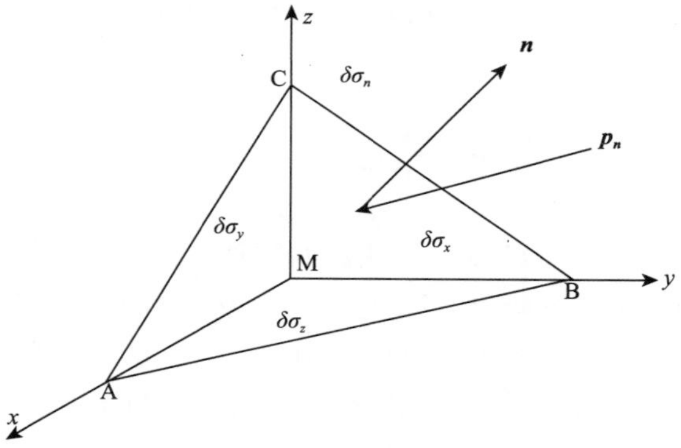

图 2.3　四面体元 MABC

首先，分析四面体元 MABC 所受到的力，其受到的质量力为 $\boldsymbol{F}\delta m$，四个侧面上受到的表面力分别为 $\boldsymbol{p}_n\delta\sigma_n$，$\boldsymbol{p}_{-x}\delta\sigma_x$，$\boldsymbol{p}_{-y}\delta\sigma_y$，$\boldsymbol{p}_{-z}\delta\sigma_z$，说明：应力矢量的下标取其受力面元的外法向，并且规定为外法线方向流体对另一部分流体的作用应力。

按照牛顿第二定律，可得：

$$\frac{\mathrm{d}\boldsymbol{V}}{\mathrm{d}t}\delta m = \boldsymbol{F}\delta m + \boldsymbol{p}_n\delta\sigma_n + \boldsymbol{p}_{-x}\delta\sigma_x + \boldsymbol{p}_{-y}\delta\sigma_y + \boldsymbol{p}_{-z}\delta\sigma_z \tag{2.19}$$

根据作用力与反作用力原理，方程可以写成如下形式：

$$\frac{\mathrm{d}\boldsymbol{V}}{\mathrm{d}t}\delta m = \boldsymbol{F}\delta m + \boldsymbol{p}_n\delta\sigma_n - \boldsymbol{p}_x\delta\sigma_x - \boldsymbol{p}_y\delta\sigma_y - \boldsymbol{p}_z\delta\sigma_z \tag{2.20}$$

当四面体元向内收缩时，即 $\delta m \to 0$ 时：

$$\boldsymbol{p}_n\delta\sigma_n = \boldsymbol{p}_x\delta\sigma_x + \boldsymbol{p}_y\delta\sigma_y + \boldsymbol{p}_z\delta\sigma_z \tag{2.21}$$

上式为作用于小四面体元的应力矢量之间的相互关系。

考虑面元间的关系：

$$\begin{cases}\delta\sigma_x = \delta\sigma_n\cos(n,x) = n_x\delta\sigma_n \\ \delta\sigma_y = \delta\sigma_n\cos(n,y) = n_y\delta\sigma_n \\ \delta\sigma_z = \delta\sigma_n\cos(n,z) = n_z\delta\sigma_n\end{cases} \tag{2.22}$$

于是，式(2.21)可以改写为：

$$\boldsymbol{p}_n = n_x\boldsymbol{p}_x + n_y\boldsymbol{p}_y + n_z\boldsymbol{p}_z \tag{2.23}$$

可见，作用于任一法线方向为 $\boldsymbol{n}$ 的面元上的应力矢量 $\boldsymbol{p}_n$ 由分别以 x 轴、y 轴和 z 轴为法向方向的三个相互正交面元上的应力矢量 $\boldsymbol{p}_x$，$\boldsymbol{p}_y$ 和 $\boldsymbol{p}_z$ 线性组合而成。将(2.23)式在直角坐标系中展开，则有：

$$\begin{cases}p_{nx} = n_x p_{xx} + n_y p_{yx} + n_z p_{zx} \\ p_{ny} = n_x p_{xy} + n_y p_{yy} + n_z p_{zy} \\ p_{nz} = n_x p_{xz} + n_y p_{yz} + n_z p_{zz}\end{cases} \tag{2.24}$$

引进应力张量：

$$\boldsymbol{P} = \begin{bmatrix} p_{xx} & p_{xy} & p_{xz} \\ p_{yx} & p_{yy} & p_{yz} \\ p_{zx} & p_{zy} & p_{zz} \end{bmatrix} \tag{2.25}$$

应力张量是描述流体中各点应力状态的物理量，应力分量 p_{ij} 的物理含义：第一个下标表示面元的外法线方向(且规定应力为外法线方向流体对另一部分流体的作用)；第二个下标表示应力所投影的方向。例如，$p_{xy}>0$ 表示面元外法线方向为 x 轴正方向的流体受到的应力矢量沿 y 轴的分量(或投影)为正值。

利用应力张量，可将式(2.23)改写为：

$$\boldsymbol{p}_n = \boldsymbol{n}\cdot\boldsymbol{P} \tag{2.26}$$

另外，应力矢量 $\boldsymbol{p}_n$ 也可以表示为：

$$\boldsymbol{p}_n = \boldsymbol{i}p_{nx} + \boldsymbol{j}p_{ny} + \boldsymbol{k}p_{nz} \tag{2.27}$$

以上分析表明：对于以 $\boldsymbol{n}$ 为外法线方向面元上的应力矢量 $\boldsymbol{p}_n$，可以用与三个坐标面平行的应力矢量 $\boldsymbol{p}_x$，$\boldsymbol{p}_y$ 和 $\boldsymbol{p}_z$ 进行线性表示，也可以将其表示为沿三个坐标轴的分量形式 p_{nx}，p_{ny}，p_{nz} 的组合。

通常应力矢量也可以表示为：

$$\boldsymbol{p}_n = p_{nn}\boldsymbol{n} + p_{n\tau}\boldsymbol{\tau} \tag{2.28}$$

法应力为 $p_{nn}=\boldsymbol{p}_n\cdot\boldsymbol{n}$，$p_{n\tau}$ 为切应力。

流体的应力张量与流体的运动状态(形变张量)之间有着非常密切的关系。下面我们将在一定的假设条件下推导表达黏性规律的应力张量与形变张量之间的关系，即本构方程。

牛顿在 1687 年第一个对最简单的剪切运动做了一个著名的实验，并且建立了切向应力和剪切形变之间的关系。如图 2.4 所示，设有两无界平行平板间的黏性流体运动，保持下板不动，使上板以速度 $\boldsymbol{U}$ 做匀速直线运动。实验表明，两平板上的流体质点黏附在平板上，随着平板一起运动。因此，下平板上的流体处于静止，上平板的流体速度为 $\boldsymbol{U}$，且流体的流速随距上板距离的增加而减小。

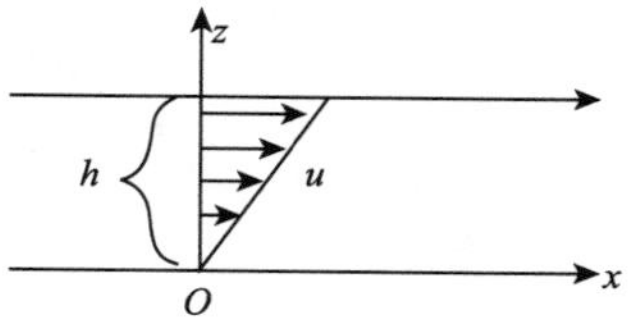

图 2.4 无界平行平板间黏性流体的直线运动

牛顿归纳了上述实验，得到牛顿黏性假设：两相邻流体层之间单位面积上的切应力 τ_{zx} 与剪切形变（垂直于流动方向的速度梯度）$\dfrac{\mathrm{d}u}{\mathrm{d}z}$成正比。

$$\tau_{zx} = \mu \frac{\mathrm{d}u}{\mathrm{d}z} \tag{2.29}$$

式中，μ 是流体的一个物理常数，是流体抗拒变形的内摩擦的量度，称为动力学黏性系数，简称黏性系数。在一般情况下，需以流体的切形变率来代替上式中的速度梯度。对于确定的流体而言，切应力与切形变率成正比，不论流体的黏性如何，只要流体无切形变，就无黏性应力存在。

牛顿黏性假设建立了黏性应力与流速分布之间的关系，但它的不足在于仅仅适用于剪切流动这一最简单的情况。在一般情况下，应力张量与形变张量之间的关系是不能直接由实验直接得到的。将牛顿黏性假设推广到任意黏性流体运动，假定：

(1)应力张量为形变张量的线性函数；

(2)流体为各向同性，即流体物理性质在各个方向上都相同；

(3)当流体静止时，流体中的应力为流体的静压强。

此时，流体的应力张量可以表示为：

$$\boldsymbol{P} = 2\mu\boldsymbol{A} - \left(p + \frac{2}{3}\mu\,\boldsymbol{\nabla}\cdot\boldsymbol{V}\right)\boldsymbol{I}, \quad \boldsymbol{I} = \begin{bmatrix}1 & 0 & 0\\ 0 & 1 & 0\\ 0 & 0 & 1\end{bmatrix} \tag{2.30}$$

式中，p 为黏性流体中的静压强，μ 为流体的动力学黏性系数。应力张量与形变张量之间的关系满足广义牛顿黏性假设的流体称为牛顿流体，例如，常见的水和空气均是牛顿流体，不满足该假设的流体则称为非牛顿流体。

对于不可压缩流体，广义牛顿黏性假设可写为 $\boldsymbol{P}=2\mu\boldsymbol{A}-p\boldsymbol{I}$。

对于理想不可压缩流体（或黏性很弱，μ 很小，可忽略不计），广义牛顿黏性假设可写为 $\boldsymbol{P}=-p\boldsymbol{I}$，此时流体应力为 $\boldsymbol{p}_n=\boldsymbol{P}\cdot\boldsymbol{n}=-p\boldsymbol{n}$，它表明在不考虑流体黏性时，流体间相互作用的表面力只有流体的压力，它是正法向方向的流体对另一侧流体的作用力。

根据广义牛顿黏性假设计算得到的应力，包含了流体压力和流体黏性应力两部分：

$$\boldsymbol{p}_n = -p\boldsymbol{n} + \boldsymbol{\tau}_n, \quad \boldsymbol{\tau}_n = 2\mu\boldsymbol{A}\cdot\boldsymbol{n} - \frac{2}{3}\mu(\boldsymbol{\nabla}\cdot\boldsymbol{V})\boldsymbol{I}\cdot\boldsymbol{n} \tag{2.31}$$

对于给定流体的黏性系数和流体运动流速场，根据广义牛顿黏性假设，就可以计算得到流体的黏性应力。

2.3 运动方程

在分析了流体所受的作用力之后，本节将应用牛顿第二运动定律来建立流体的运动方程。

2.3.1 流体的运动方程

首先，我们根据牛顿第二运动定律来推导流体运动方程的一般形式。在运动流体中选取一小六面体体元，如图 2.5 所示，其边长分别为 $\delta x, \delta y, \delta z$。

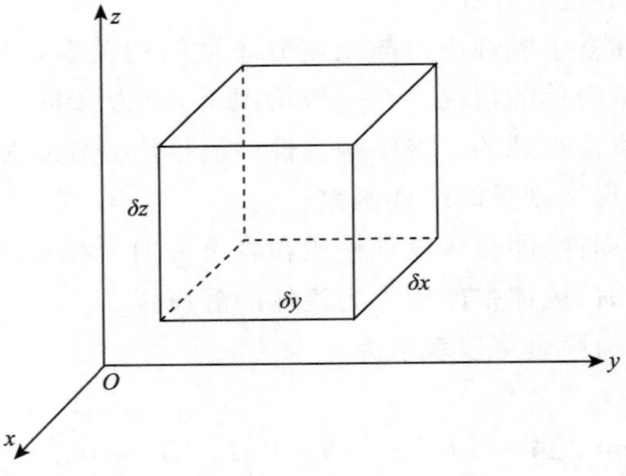

图 2.5 小六面体元

为了导出流体的运动方程，首先来分析小六面体元的受力情况。周围流体对小体元的六个表面有表面力的作用，而通过六个侧面作用于小体元沿 x 方向的表面力分别为：与 x 轴正交的前、后侧面上的表面力为 $\left(p_{xx} + \frac{\partial p_{xx}}{\partial x}\delta x\right)\delta y\delta z$ 和 $p_{-xx}\delta y\delta z$，与 y 轴正交的右、左侧面上的表面力为 $\left(p_{yx} + \frac{\partial p_{yx}}{\partial y}\delta y\right)\delta x\delta z$ 和 $p_{-yx}\delta x\delta z$，与 z 轴正交的上、下侧面上的表面力为 $\left(p_{zx} + \frac{\partial p_{zx}}{\partial z}\delta z\right)\delta x\delta y$ 和 $p_{-zx}\delta x\delta y$，因此，周围流体通过六个

侧面作用于小体元的总表面力沿 x 方向的分量为 $\left(\frac{\partial p_{xx}}{\partial x}+\frac{\partial p_{yx}}{\partial y}+\frac{\partial p_{zx}}{\partial z}\right)\delta x\delta y\delta z$，除受表面力的作用外，小体元还受到质量力的作用，而且质量力沿 x 方向的分量为 $F_x\rho\delta x\delta y\delta z$。

如果考虑小体元沿 x 方向的运动加速度为 $\frac{\mathrm{d}u}{\mathrm{d}t}$，根据牛顿第二定律，则小体元受力的结果应该等于小体元的质量与加速度的乘积。

$$\frac{\mathrm{d}u}{\mathrm{d}t}\rho\delta x\delta y\delta z = F_x\rho\delta x\delta y\delta z + \left(\frac{\partial p_{xx}}{\partial x}+\frac{\partial p_{yx}}{\partial y}+\frac{\partial p_{zx}}{\partial z}\right)\delta x\delta y\delta z \tag{2.32}$$

方程两端同除以 $\rho\delta x\delta y\delta z$，可以简化为：

$$\frac{\mathrm{d}u}{\mathrm{d}t} = F_x + \frac{1}{\rho}\left(\frac{\partial p_{xx}}{\partial x}+\frac{\partial p_{yx}}{\partial y}+\frac{\partial p_{zx}}{\partial z}\right) \tag{2.33}$$

这就是单位质量流体在 x 方向的运动方程。同理，可以得到 y 和 z 方向的运动方程为：

$$\frac{\mathrm{d}v}{\mathrm{d}t} = F_y + \frac{1}{\rho}\left(\frac{\partial p_{xy}}{\partial x}+\frac{\partial p_{yy}}{\partial y}+\frac{\partial p_{zy}}{\partial z}\right) \tag{2.34}$$

$$\frac{\mathrm{d}w}{\mathrm{d}t} = F_z + \frac{1}{\rho}\left(\frac{\partial p_{xz}}{\partial x}+\frac{\partial p_{yz}}{\partial y}+\frac{\partial p_{zz}}{\partial z}\right) \tag{2.35}$$

将其写成矢量的形式：

$$\frac{\mathrm{d}\boldsymbol{V}}{\mathrm{d}t} = \boldsymbol{F} + \frac{1}{\rho}\left(\frac{\partial \boldsymbol{p}_x}{\partial x}+\frac{\partial \boldsymbol{p}_y}{\partial y}+\frac{\partial \boldsymbol{p}_z}{\partial z}\right) \tag{2.36}$$

或者

$$\frac{\mathrm{d}\boldsymbol{V}}{\mathrm{d}t} = \boldsymbol{F} + \frac{1}{\rho}\nabla\cdot\boldsymbol{P} \tag{2.37}$$

其中，$\nabla\cdot\boldsymbol{P}=\left(\frac{\partial}{\partial x}\quad\frac{\partial}{\partial y}\quad\frac{\partial}{\partial z}\right)\begin{pmatrix} p_{xx} & p_{xy} & p_{xz} \\ p_{yx} & p_{yy} & p_{yz} \\ p_{zx} & p_{zy} & p_{zz} \end{pmatrix}$。

这就是流体运动方程的一般形式。

我们也可以从动量定理出发来推导流体运动方程的一般形式。任取以界面 σ 包围的体积为 τ 的流体块作为研究系统。根据动量定理，体积 τ 中流体动量随时间的变化率等于作用在该体积上的质量力和表面力之和。以 $\boldsymbol{F}$ 表示作用在单位质量上的质量力分布函数，而 $\boldsymbol{p}_n$ 表示作用在单位面积上的表面力分布函数，则有：

$$\frac{\mathrm{d}}{\mathrm{d}t}\iiint_{\tau}\rho\boldsymbol{V}\mathrm{d}\tau = \iiint_{\tau}\rho\boldsymbol{F}\mathrm{d}\tau + \iint_{\sigma}\boldsymbol{p}_n\mathrm{d}\boldsymbol{\sigma} \tag{2.38}$$

根据质量守恒定律，上式可写为：

$$\iiint_{\tau}\rho\frac{\mathrm{d}\boldsymbol{V}}{\mathrm{d}t}\mathrm{d}\tau=\iiint_{\tau}\rho\boldsymbol{F}\mathrm{d}\tau+\iint_{\sigma}\boldsymbol{p}_n\mathrm{d}\boldsymbol{\sigma} \tag{2.39}$$

应用奥—高定理，有：

$$\iint_{\sigma}\boldsymbol{p}_n\mathrm{d}\boldsymbol{\sigma}=\iint_{\sigma}\boldsymbol{n}\cdot\boldsymbol{P}\mathrm{d}\boldsymbol{\sigma}=\iiint_{\tau}\nabla\cdot\boldsymbol{P}\mathrm{d}\tau \tag{2.40}$$

式中，$\boldsymbol{P}$ 是应力张量，于是流体的动量方程可改写为：

$$\iiint_{\tau}\left(\rho\frac{\mathrm{d}\boldsymbol{V}}{\mathrm{d}t}-\rho\boldsymbol{F}-\nabla\cdot\boldsymbol{P}\right)\mathrm{d}\tau=0 \tag{2.41}$$

因为体积 τ 是任意的，且假定被积函数是连续的，可知被积函数恒为零。

$$\rho\frac{\mathrm{d}\boldsymbol{V}}{\mathrm{d}t}=\rho\boldsymbol{F}+\nabla\cdot\boldsymbol{P} \tag{2.42}$$

上述方程两边同除于密度 ρ，同样可得到流体运动方程的一般形式：

$$\frac{\mathrm{d}\boldsymbol{V}}{\mathrm{d}t}=\boldsymbol{F}+\frac{1}{\rho}\nabla\cdot\boldsymbol{P} \tag{2.43}$$

2.3.2 纳维—斯托克斯(Navier-Stokes)方程

在流体运动方程一般形式的基础上，将广义牛顿黏性假设条件下应力张量 $\boldsymbol{P}$ 的具体形式 $\boldsymbol{P}=2\mu\boldsymbol{A}-\left(p+\frac{2}{3}\mu\nabla\cdot\boldsymbol{V}\right)\boldsymbol{I}$ 代入，有：

$$\frac{\mathrm{d}\boldsymbol{V}}{\mathrm{d}t}=\boldsymbol{F}+\frac{1}{\rho}\nabla\cdot\left[2\mu\boldsymbol{A}-\left(p+\frac{2}{3}\mu\nabla\cdot\boldsymbol{V}\right)\boldsymbol{I}\right] \tag{2.44}$$

上述方程右端第二项$\frac{1}{\rho}\nabla\cdot(2\mu\boldsymbol{A})$可改写为$\frac{2\mu}{\rho}\nabla\cdot\boldsymbol{A}=\frac{\mu}{\rho}[\nabla(\nabla\cdot\boldsymbol{V})+\nabla^2\boldsymbol{V}]$，方程右端第三项可改写为$-\frac{1}{\rho}\nabla p$，方程右端第四项可改写为$-\frac{2\mu}{3\rho}\nabla(\nabla\cdot\boldsymbol{V})$，化简后，可以得到纳维—斯托克斯方程：

$$\frac{\mathrm{d}\boldsymbol{V}}{\mathrm{d}t}=\boldsymbol{F}-\frac{1}{\rho}\nabla p+\frac{1}{3}\frac{\mu}{\rho}\nabla(\nabla\cdot\boldsymbol{V})+\frac{\mu}{\rho}\nabla^2\boldsymbol{V} \tag{2.45}$$

这就是适合牛顿黏性假设的流体运动方程。这就是牛顿第二运动定律在流体力学中的一种表示式，它表明了作用力与流体运动变量之间的关系。

下面对流体运动方程各项物理意义作简要的说明：其中$\frac{\mathrm{d}\boldsymbol{V}}{\mathrm{d}t}$就是单位质量流体的加速度，$\boldsymbol{F}$ 为单位质量流体所受的质量力，方程右端的第二项$-\frac{1}{\rho}\nabla p$，可作如下的变换：

$$-\frac{1}{\rho}\iiint_{\tau}\nabla p\mathrm{d}\tau=-\frac{1}{\rho}\iint_{\sigma}p\boldsymbol{n}\mathrm{d}\sigma \tag{2.46}$$

从而得到：

$$-\frac{1}{\rho}\nabla p=\frac{1}{\rho}\lim_{\tau\to 0}\left[\frac{1}{\tau}\iint_{\sigma}-p\boldsymbol{n}\,\mathrm{d}\sigma\right] \tag{2.47}$$

即为周围流体通过单位质量流体的表面，对其所产生的压力的合力矢量，其效果相当于作用于单位质量流体上的质量力，将其称为压力梯度力，它是由正压力引起的。

对于不可压缩流体($\nabla\cdot\mathbf{V}=0$)，并将$\frac{\mu}{\rho}$定义为流体的运动学黏性系数，记作υ，于是方程简化为：

$$\frac{\mathrm{d}\mathbf{V}}{\mathrm{d}t}=\boldsymbol{F}-\frac{1}{\rho}\nabla p+\upsilon\nabla^2\mathbf{V} \tag{2.48}$$

方程的最后一项$\upsilon\nabla^2\mathbf{V}$，表示单位质量流体所受到黏性力的合力，称之为黏性力。不难看出，黏性力的存在，不但与流体的黏性有关，而且取决于流速的分布。当流体做整体运动时，$\nabla^2\mathbf{V}=0$，流体就不受黏性力的作用。通常，黏性力可以是曳力，也可以是阻力，这由流速的拉普拉斯变换所决定。从物理意义上来看，如果周围流体的运动比所考虑的流体运动快，该流体所受的黏性力为曳力，反之，则为阻力。

在直角坐标系中，(2.48)形式为：

$$\begin{cases}\dfrac{\partial u}{\partial t}+u\dfrac{\partial u}{\partial x}+v\dfrac{\partial u}{\partial y}+w\dfrac{\partial u}{\partial z}=F_x-\dfrac{1}{\rho}\dfrac{\partial p}{\partial x}+\upsilon\left(\dfrac{\partial^2 u}{\partial x^2}+\dfrac{\partial^2 u}{\partial y^2}+\dfrac{\partial^2 u}{\partial z^2}\right)\\ \dfrac{\partial v}{\partial t}+u\dfrac{\partial v}{\partial x}+v\dfrac{\partial v}{\partial y}+w\dfrac{\partial v}{\partial z}=F_y-\dfrac{1}{\rho}\dfrac{\partial p}{\partial y}+\upsilon\left(\dfrac{\partial^2 v}{\partial x^2}+\dfrac{\partial^2 v}{\partial y^2}+\dfrac{\partial^2 v}{\partial z^2}\right)\\ \dfrac{\partial w}{\partial t}+u\dfrac{\partial w}{\partial x}+v\dfrac{\partial w}{\partial y}+w\dfrac{\partial w}{\partial z}=F_z-\dfrac{1}{\rho}\dfrac{\partial p}{\partial z}+\upsilon\left(\dfrac{\partial^2 w}{\partial x^2}+\dfrac{\partial^2 w}{\partial y^2}+\dfrac{\partial^2 w}{\partial z^2}\right)\end{cases} \tag{2.49}$$

对于理想流体($\upsilon=0$)，运动方程可写为：

$$\frac{\mathrm{d}\mathbf{V}}{\mathrm{d}t}=\boldsymbol{F}-\frac{1}{\rho}\nabla p \tag{2.50}$$

上式为理想流体的运动方程，又称为欧拉方程。

2.4 能量方程

在流体运动过程中，经常联系着机械能和热能的相互转换。流体力学的研究必然与能量的转换密切相关，没有能量转换的制约方程，就不可能组成控制流体运动的闭合方程组。流体的能量方程是经典力学中的能量守恒定律或者说热力学第一定律在流体力学中的具体表达形式。

任取以界面σ包围的体积为τ的流体块作为研究系统，根据能量守恒定律，该流体系统总能量(内能与动能之和)的变化等于作用于该系统上的质量力和表面力对系统所做的功和由于温差热传导及其他原因从外界输入该系统的热量。

系统的总能量为内能和动能之和，即 $\iiint_\tau \rho\left(c_v T+\frac{V^2}{2}\right)\mathrm{d}\tau$，其中 $c_v T$ 为单位质量流体的内能；质量力与表面力在单位时间内所做的功分别为 $\iiint_\tau \rho(\boldsymbol{F}\cdot\boldsymbol{V})\mathrm{d}\tau$ 和 $\iint_\sigma(\boldsymbol{p}_n\cdot\boldsymbol{V})\mathrm{d}\sigma$。

单位时间内从外界输入该系统单位质量流体的热流入量为 $\iiint_\tau \rho q\,\mathrm{d}\tau$，因此，系统的能量守恒定律可写为：

$$\frac{\mathrm{d}}{\mathrm{d}t}\iiint_\tau \rho\left(c_v T+\frac{V^2}{2}\right)\mathrm{d}\tau=\iiint_\tau \rho(\boldsymbol{F}\cdot\boldsymbol{V})\mathrm{d}\tau+\iint_\sigma(\boldsymbol{p}_n\cdot\boldsymbol{V})\mathrm{d}\sigma+\frac{\mathrm{d}}{\mathrm{d}t}\iiint_\tau \rho q\,\mathrm{d}\tau \tag{2.51}$$

根据质量守恒定律，有 $\frac{\mathrm{d}}{\mathrm{d}t}(\rho\mathrm{d}\tau)=0$，对总能量的变化项和热流量项进行变换 $\frac{\mathrm{d}}{\mathrm{d}t}\iiint_\tau \rho(c_v T+\upsilon)\mathrm{d}\tau=\iiint_\tau \frac{\mathrm{d}}{\mathrm{d}t}\left(c_v T+\frac{V^2}{2}\right)\rho\,\mathrm{d}\tau$，以及 $\frac{\mathrm{d}}{\mathrm{d}t}\iiint_\tau \rho q\,\mathrm{d}\tau=\iiint_\tau \frac{\mathrm{d}q}{\mathrm{d}t}\rho\,\mathrm{d}\tau$。再利用高斯公式，表面力做功率

$$\iint_\sigma(\boldsymbol{p}_n\cdot\boldsymbol{V})\mathrm{d}\sigma=\iint_\sigma(\boldsymbol{n}\cdot\boldsymbol{P}\cdot\boldsymbol{V})\mathrm{d}\sigma=\iint_\sigma \boldsymbol{n}\cdot(\boldsymbol{P}\cdot\boldsymbol{V})\mathrm{d}\sigma=\iiint_\tau \nabla\cdot(\boldsymbol{P}\cdot\boldsymbol{V})\mathrm{d}\tau。$$

于是，能量方程可以写为：

$$\iiint_\tau\left[\frac{\mathrm{d}}{\mathrm{d}t}\left(c_v T+\frac{V^2}{2}\right)-\boldsymbol{F}\cdot\boldsymbol{V}-\frac{1}{\rho}\nabla\cdot(\boldsymbol{P}\cdot\boldsymbol{V})-\frac{\mathrm{d}q}{\mathrm{d}t}\right]\rho\,\mathrm{d}\tau=0 \tag{2.52}$$

由于体积元是任意选取的，且被积函数连续，由(2.52)式可知：

$$\frac{\mathrm{d}}{\mathrm{d}t}\left(c_v T+\frac{V^2}{2}\right)=\boldsymbol{F}\cdot\boldsymbol{V}+\frac{1}{\rho}\nabla\cdot(\boldsymbol{P}\cdot\boldsymbol{V})+\frac{\mathrm{d}q}{\mathrm{d}t} \tag{2.53}$$

这就是微分形式的单位质量流体的能量方程，其左端表示单位质量流体的总能量（内能与动能之和）的变化率，右端第一项表示质量力在单位时间内对单位质量流体所做的功，右端第二项表示表面力在单位时间内对单位质量流体所做的功，右端第三项表示单位时间内从外界输入单位质量流体的热量。因此，该方程是对单位质量流体而言的能量方程。

对于理想正压流体在有势力作用下做定常运动时，其能量方程形式较为简单，下面我们来推导出这种能量方程的具体形式。

将理想流体的运动方程 $\frac{\mathrm{d}\boldsymbol{V}}{\mathrm{d}t}=\boldsymbol{F}-\frac{1}{\rho}\nabla p$ 改写为：

$$\frac{\partial\boldsymbol{V}}{\partial t}+\nabla\left(\frac{V^2}{2}\right)=\boldsymbol{F}-\frac{1}{\rho}\nabla p \tag{2.54}$$

在定常流动条件下

$$\frac{\partial \mathbf{V}}{\partial t} = 0 \tag{2.55}$$

考虑正压流体：

$$\frac{1}{\rho}\nabla p = \nabla \int \frac{\mathrm{d}p}{\rho(p)} \tag{2.56}$$

及质量力为有势力：

$$\boldsymbol{F} = -\nabla \Phi \tag{2.57}$$

将(2.55)式、(2.56)式和(2.57)式代入(2.54)式中，得到：

$$\nabla\left[\frac{V^2}{2} + \Phi + \int \frac{\mathrm{d}p}{\rho(p)}\right] = 0 \tag{2.58}$$

以流线的切线单位矢量 $\boldsymbol{S} = \frac{\mathbf{V}}{|\mathbf{V}|}$ 点乘上式两边，有：

$$\frac{\partial}{\partial s}\left[\frac{V^2}{2} + \Phi + \int \frac{\mathrm{d}p}{\rho(p)}\right] = 0 \tag{2.59}$$

沿流线积分上式，可得：

$$\frac{V^2}{2} + \Phi + \int \frac{\mathrm{d}p}{\rho(p)} = 常数 \tag{2.60}$$

对于均质不可压缩流体，且设质量力为重力，重力加速度 g 为常数，则上式可写为：

$$\frac{V^2}{2} + gz + \frac{p}{\rho} = 常数 \tag{2.61}$$

这就是常用的伯努利方程，它表明理想正压流体在重力作用下作定常运动时，流体的总机械能(动能、重力势能、压力能之和)沿着流线或迹线守恒。

2.5 流体力学基本方程组

2.5.1 基本方程组

根据质量守恒定律、牛顿第二运动定律和能量守恒定律导出了流体的连续性方程、运动方程和能量方程，组成黏性流体动力学的基本方程组。现在分别归纳如下：

(1)基本方程组的一般形式

$$\begin{cases} \dfrac{\partial \rho}{\partial t} + \nabla \cdot (\rho \mathbf{V}) = 0 \\ \dfrac{\mathrm{d}\mathbf{V}}{\mathrm{d}t} = \boldsymbol{F} + \dfrac{1}{\rho}\nabla \cdot \boldsymbol{P} \\ \dfrac{\mathrm{d}}{\mathrm{d}t}\left(c_v T + \dfrac{V^2}{2}\right) = \boldsymbol{F} \cdot \mathbf{V} + \dfrac{1}{\rho}\nabla \cdot (\boldsymbol{P} \cdot \mathbf{V}) + \dfrac{\mathrm{d}q}{\mathrm{d}t} \end{cases} \tag{2.62}$$

这是黏性流体动力学基本方程组的一般形式，它既适用于牛顿流体，也适用于非牛顿流体。

(2)牛顿流体的基本运动方程组

$$\begin{cases}\dfrac{\partial \rho}{\partial t}+\boldsymbol{\nabla}\cdot(\rho\boldsymbol{V})=0\\[2mm]\dfrac{\mathrm{d}\boldsymbol{V}}{\mathrm{d}t}=\boldsymbol{F}-\dfrac{1}{\rho}\boldsymbol{\nabla} p+\dfrac{1}{3}\dfrac{\mu}{\rho}\boldsymbol{\nabla}(\boldsymbol{\nabla}\cdot\boldsymbol{V})+\dfrac{\mu}{\rho}\nabla^2\boldsymbol{V}\\[2mm]\dfrac{\mathrm{d}}{\mathrm{d}t}\left(c_vT+\dfrac{V^2}{2}\right)=\boldsymbol{F}\cdot\boldsymbol{V}+\dfrac{1}{\rho}\boldsymbol{\nabla}\cdot(\boldsymbol{P}\cdot\boldsymbol{V})+\dfrac{\mathrm{d}q}{\mathrm{d}t}\end{cases}\tag{2.63}$$

在这些方程组中，未知量的数目大于方程的数目，因此，这些方程组是不封闭的。为了使方程组闭合，必须寻找新的方程。目前还找不到普遍适用的闭合方程，只能对所研究的流体作一些假设。

对于不可压缩的绝热牛顿流体，由连续性方程和纳维—斯托克斯方程就可以组成闭合方程组：

$$\begin{cases}\dfrac{\partial \rho}{\partial t}+\boldsymbol{\nabla}\cdot(\rho\boldsymbol{V})=0\\[2mm]\dfrac{\mathrm{d}\boldsymbol{V}}{\mathrm{d}t}=\boldsymbol{F}-\dfrac{1}{\rho}\boldsymbol{\nabla} p+\dfrac{\mu}{\rho}\nabla^2\boldsymbol{V}\end{cases}\tag{2.64}$$

在已知质量力 $\boldsymbol{F}$，密度 ρ 和黏性系数 μ 的条件下，方程组闭合，原则上可以利用此方程组求解在适合给定初始条件和边界条件下的速度场和压力场。

(3)理想绝热流体的基本运动方程组

$$\begin{cases}\dfrac{\partial \rho}{\partial t}+\boldsymbol{\nabla}\cdot(\rho\boldsymbol{V})=0\\[2mm]\dfrac{\mathrm{d}\boldsymbol{V}}{\mathrm{d}t}=\boldsymbol{F}-\dfrac{1}{\rho}\boldsymbol{\nabla} p\end{cases}\tag{2.65}$$

(4)理想绝热不可压缩流体的基本运动方程组

对于理想绝热且不可压缩均质流体而言，其基本方程组可写为：

$$\begin{cases}\boldsymbol{\nabla}\cdot\boldsymbol{V}=0\\[2mm]\dfrac{\mathrm{d}\boldsymbol{V}}{\mathrm{d}t}=\boldsymbol{F}-\dfrac{1}{\rho}\boldsymbol{\nabla} p\end{cases}\tag{2.66}$$

2.5.2 初始条件及边界条件

流体力学理论计算的主要目的是寻找实际流体在流动情况下的物理量关于时间和空间位置的单值连续的函数关系。从数学角度讲，通过封闭的基本方程组原则上只能求解出物理量的通解，必须根据所研究问题的实际情况给出一系列相关的初始条件和边界条件，才能求出相应的特解。下面结合我们前面介绍的基本方程组来讨论初始条件和边界条件。

1. 初始条件

在初始时刻，基本方程组之解所应满足的初始状态，即在 $t=t_0$ 时：

$$\begin{cases}\boldsymbol{V}(x,y,z,t_0)=\boldsymbol{V}_0(x,y,z)\\ p(x,y,z,t_0)=p_0(x,y,z)\\ \rho(x,y,z,t_0)=\rho_0(x,y,z)\end{cases}\tag{2.67}$$

其中 $\boldsymbol{V}_0,p_0,\rho_0$ 均为已知函数。在定常流场的情况下，所有的物理量均与时间无关，因而不存在初始条件的问题，就不需要给出初始条件。

2. 边界条件

边界条件指的是任意时刻，在无穷远处或者在流体与固体或者不同流体相接触的边界上应满足的条件，它的形式很多，需要根据具体问题来确定，下面只给出几种常用的边界条件。

(1)流体与固体分界面上的条件

设流体与固体的界面上不存在流点相互间的渗透，则流体相对于固体的界面的法向速度为零；一般流体在固壁上没有相对滑动，即满足无滑移条件(黏附条件)，即流体相对于固体的界面的切向速度也为零。这就要求在固体界面处流点的速度矢量与相应固体的界面点的速度矢量相等，即：

$$\boldsymbol{V}_{\text{流体}}=\boldsymbol{V}_{\text{固壁}}\tag{2.68}$$

(2)两种液体分界面上的条件

分子运动论和实验结果证实，在两种液体(分别以下标 1 和 2 表示)分界面两边，速度和压力都相等，即：

$$\begin{cases}\boldsymbol{V}_1=\boldsymbol{V}_2\\ p_1=p_2\end{cases}\tag{2.69}$$

且切应力也一定相等，即：

$$\mu_1\left(\frac{\partial v}{\partial n}\right)_1=\mu_2\left(\frac{\partial v}{\partial n}\right)_2\tag{2.70}$$

式中 n 是分界面垂直方向的坐标。

(3)液体与气体分界面上的条件

一般情况下，液体与气体分界面上的边界条件和两种液体分界面上的条件相同，最常见的液体与气体的分界面是液体与大气的分界面，即液体的自由面。如果忽略液体的表面张力，在自由面上，液体的压力应等于大气压力 p_0，且由于大气的动力黏性系数远小于液体，于是有：

$$\begin{cases}p_{\text{液体}}=p_0\\ \left(\dfrac{\partial v}{\partial n}\right)_{\text{液体}}\approx 0\end{cases}\tag{2.71}$$

流体动力学问题可归结为求解基本方程组，即求解符合上述定解条件的数理方程的定解问题。

2.5.3 简单情况下的纳维—斯托克斯方程的求解

由于流体运动方程组为非线性方程组，在数学上通常是难以直接求出解析解。下面以简单情况下的流体运动为例，介绍求解流体运动的方法。

如图 2.6 所示，考虑如下简单流动，设流体在两相距为 $2h$ 的无界平行平板间，沿 x 轴作定常直线平面运动，即满足：$u\neq 0, v=w=0$。

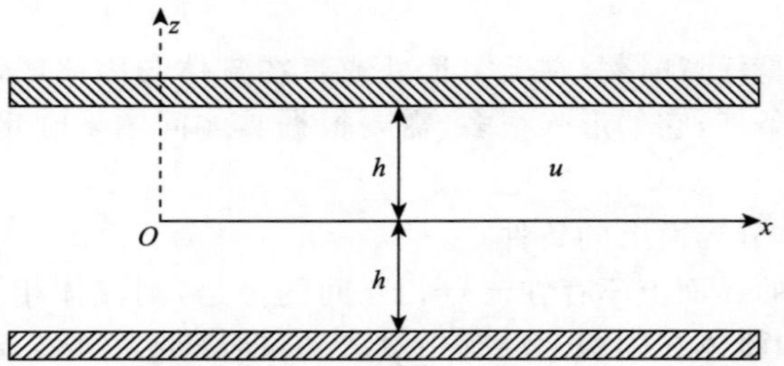

图 2.6 平面库埃特流动

考虑流体在 xOz 平面上运动，则$\dfrac{\partial u}{\partial y}=0$；而作用于流点上的质量力只有重力，即：$F_x=F_y=0, F_z=-g$。假设流体是不可压缩的，考虑到$\dfrac{\partial w}{\partial z}=0$，进一步根据连续方程可得：$\dfrac{\partial u}{\partial x}=0$；所以，$u=u(z)$仅仅是 z 的函数。如果运动是定常的，则$\dfrac{\partial u}{\partial t}=0$，进而有$\dfrac{\mathrm{d}u}{\mathrm{d}t}=\dfrac{\mathrm{d}v}{\mathrm{d}t}=\dfrac{\mathrm{d}w}{\mathrm{d}t}=0$。此时，纳维—斯托克斯方程简化为：

$$\begin{cases} 0=-\dfrac{1}{\rho}\dfrac{\partial p}{\partial x}+\dfrac{\mu}{\rho}\left(\dfrac{\partial^2 u}{\partial z^2}\right) \\ 0=-\dfrac{1}{\rho}\dfrac{\partial p}{\partial y} \\ 0=-g-\dfrac{1}{\rho}\dfrac{\partial p}{\partial z} \end{cases} \tag{2.72}$$

由(2.72)式中第三式 $0=-g-\dfrac{1}{\rho}\dfrac{\partial p}{\partial z}$积分，得：$p=-\rho g z+p_1(x)$。由(2.72)式中第一式 $0=-\dfrac{1}{\rho}\dfrac{\partial p}{\partial x}+\dfrac{\mu}{\rho}\left(\dfrac{\partial^2 u}{\partial z^2}\right)$可以得到：

$$\frac{1}{\rho}\frac{\partial p}{\partial x}=\frac{\mu}{\rho}\left(\frac{\partial^2 u}{\partial z^2}\right) \tag{2.73}$$

考虑到(2.73)式中左端$\frac{\partial p}{\partial x}=\frac{\mathrm{d}p_1(x)}{\mathrm{d}x}$仅是$x$的函数,右端仅为$z$的函数,因此,要使(2.73)式成立,则要求左右两端应等于同一常数,积分上式可以得到:

$$u=\frac{1}{\mu}\frac{\partial p}{\partial x}\frac{z^2}{2}+Az+B \tag{2.74}$$

平面库埃特流动考虑这样的简单情况:设在x方向的压力分布均匀,即$\frac{\partial p}{\partial x}=0$,且下板静止,上板以均速$U$移动,故有如下边界条件:

$$\begin{cases}z=h, u=U\\ z=-h, u=0\end{cases} \tag{2.75}$$

将边界条件(2.75)式代入(2.74)式中,可以得到:

$$u=\frac{U}{2}\left(1+\frac{z}{h}\right) \tag{2.76}$$

即给出了平面库埃特流动的流速分布,它表明流速沿z轴呈线性分布。

2.6 小结与例题

2.6.1 小结

本章主要介绍了流体运动所遵循的基本规律在流体力学中的具体表达形式及其应用。首先根据质量守恒定理,导出不同形式的流体运动的连续性方程,并讨论方程的物理含义。为了建立流体的运动方程,接下来对流体运动的受力情况进行了分析,介绍了作用于流体的两类力,即质量力、表面力的概念,特征及其表示方法;在此基础上,引入应力张量的概念及其与形变速度张量之间的关系。随后,分别根据牛顿第二定律和动量定理推导出流体运动方程的一般形式,并利用广义的牛顿黏性假设,导出了流体运动的纳维—斯托克斯(Navier—Stokes)方程;此后,根据能量守恒定理推导出流体运动所满足的能量方程,并分析了能量方程的物理意义。最后,总结了流体运动的基本方程组,并介绍了求解基本方程组所涉及的初始条件和边界条件。

2.6.2 例题

例 2.1 在定常流动中任取一流管,证明连续方程为$\rho\sigma v_n=$常数。其中ρ为密度,σ为流管的面积,v_n为流管内垂直于截面积的平均流速。

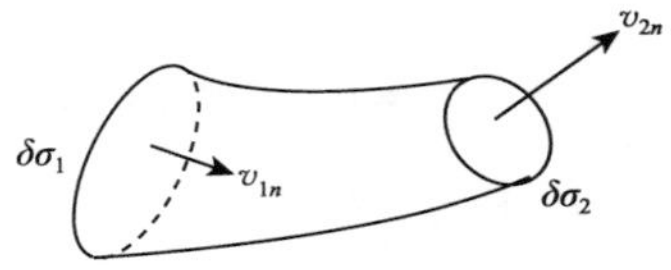

图 2.7

解:流管系由流线构成管壁的流体管道。若有一流管(图 2.7),并在流管内任取两个截面$\delta\sigma_1$和$\delta\sigma_2$,于是构成一个封闭曲面。显然,流体将沿着流管流动,由 $\delta\sigma_1$ 流入,再经 $\delta\sigma_2$ 流出,而不穿越过流管的侧面。由于是定常流动,故流管的形状将始终保持不变,且有:

$$\frac{\partial\rho}{\partial t}=0$$

封闭曲面内的流体质量也将不变。

根据质量守恒定理,流入的流体质量等于流出的流体质量,故:

$$\rho_2 v_{2n}\delta\sigma_2=\rho_1 v_{1n}\delta\sigma_1$$

或

$$\rho v_n\delta\sigma=\text{常数}$$

由于流管的截面积很小,其中 v_n 取为垂直于截面上的平均流速。

例 2.2 已知某点的应力状态为:

$$\begin{bmatrix}0 & a & 2a\\ a & 2a & 0\\ 2a & 0 & a\end{bmatrix}$$

试求作用在通过此点,方程为 $x+3y+z=1$ 的平面上的法应力和切应力的大小。

解:矢量 $\boldsymbol{p}_n$ 一般不与 $\boldsymbol{n}$ 重合,平面上法应力是指 $\boldsymbol{p}_n$ 在 $\boldsymbol{n}$ 上的投影。该平面的方向余弦为:

$$n_x=\frac{1}{\sqrt{1^2+3^2+1^2}}=\frac{\sqrt{11}}{11}$$

$$n_y=\frac{3}{\sqrt{1^2+3^2+1^2}}=\frac{3\sqrt{11}}{11}$$

$$n_z=\frac{1}{\sqrt{1^2+3^2+1^2}}=\frac{\sqrt{11}}{11}$$

又已知

$$p_{nx}=n_xp_{xx}+n_yp_{yx}+n_zp_{zx}=\frac{\sqrt{11}}{11}\times 0+\frac{3\sqrt{11}}{11}\times a+\frac{\sqrt{11}}{11}\times 2a=\frac{5\sqrt{11}}{11}a$$

$$p_{ny}=n_xp_{xy}+n_yp_{yy}+n_zp_{zy}=\frac{\sqrt{11}}{11}\times a+\frac{3\sqrt{11}}{11}\times 2a+\frac{\sqrt{11}}{11}\times 0=\frac{7\sqrt{11}}{11}a$$

$$p_{nz}=n_xp_{xz}+n_yp_{yz}+n_zp_{zz}=\frac{\sqrt{11}}{11}\times 2a+\frac{3\sqrt{11}}{11}\times 0+\frac{\sqrt{11}}{11}\times a=\frac{3\sqrt{11}}{11}a$$

故所求的法应力 p_{nn} 为:

$$p_{nn}=\boldsymbol{p}_n\cdot\boldsymbol{n}=\frac{5\sqrt{11}}{11}a\times\frac{\sqrt{11}}{11}+\frac{7\sqrt{11}}{11}a\times\frac{3\sqrt{11}}{11}+\frac{3\sqrt{11}}{11}a\times\frac{\sqrt{11}}{11}=\frac{29}{11}a$$

而切应力为：

$$p_{n\tau} = \sqrt{|\boldsymbol{p}_n|^2 - p_{nn}^2} = \sqrt{p_{nx}^2 + p_{ny}^2 + p_{nz}^2 - p_{nn}^2} = \frac{\sqrt{72}}{11}a = \frac{6\sqrt{2}}{11}a$$

例 2.3 试从理想流体的定义出发，证明理想流体中任一点上各个不同方向上的法应力相等。

解：根据理想流体的定义，理想流体点对于切向形变没有任何的反抗能力。所以，在理想流体中，在任一点的点领域内，法方向为 $\boldsymbol{n}$ 的面元 ds 上的应力 $\boldsymbol{p}_n$ 上只能有法向的分量，而切向分量则等于零。换句话说，$\boldsymbol{p}_n$ 的方向与 $\boldsymbol{n}$ 重合，于是，不难推出，在直角坐标系的三个坐标面上的应力 $\boldsymbol{p}_x$，$\boldsymbol{p}_y$ 和 $\boldsymbol{p}_z$，应有法向应力 p_{xx}，p_{yy}，p_{zz}不为零，而 $p_{xy}=p_{xz}=p_{yz}=0$。

又因为

$$\begin{cases} p_{nx} = n_x p_{xx} + n_y p_{yx} + n_z p_{zx} \\ p_{ny} = n_x p_{xy} + n_y p_{yy} + n_z p_{zy} \\ p_{nz} = n_x p_{xz} + n_y p_{yz} + n_z p_{zz} \end{cases}$$

所以

$$\begin{cases} p_{nx} = n_x p_{xx} \\ p_{ny} = n_y p_{yy} \\ p_{nz} = n_z p_{zz} \end{cases}$$

考虑到 $p_{nx}=p_{nn}n_x$，$p_{ny}=p_{nn}n_y$，$p_{nz}=p_{nn}n_z$，因此

$$p_{nn} = p_{xx} = p_{yy} = p_{zz}$$

由于 $\boldsymbol{n}$ 是任意取的，于是便证得理想流体中任一点上各个不同方向上的法应力相等。

例 2.4 试证明，当流体作无旋运动时，伯努利方程中的积分常数不再与流线有关，而在整个流场取相同数值，为普适常数。

解：根据欧拉方程：

$$\frac{\partial \mathbf{V}}{\partial t} + (\mathbf{V} \cdot \nabla)\mathbf{V} = \boldsymbol{F} - \frac{1}{\rho}\nabla p$$

上述方程可变为：

$$\frac{\partial \mathbf{V}}{\partial t} + \nabla\left(\frac{V^2}{2}\right) - \mathbf{V} \times \nabla \times \mathbf{V} = \boldsymbol{F} - \frac{1}{\rho}\nabla p$$

由题意知$\nabla \times \boldsymbol{V}=0$（无旋）；$\boldsymbol{F}=-\nabla\Phi$，$\Phi=gz$（质量力为有势力）；$\frac{\partial}{\partial t}=0$（定常）；$\rho$ 为常数（不可压均质流体）。故得：

$$\nabla\left(\frac{V^2}{2} + gz + \frac{p}{\rho}\right) = 0$$

这说明$\left(\frac{V^2}{2}+gz+\frac{p}{\rho}\right)$与$x,y,z$无关，由于定常条件$\left(\frac{V^2}{2}+gz+\frac{p}{\rho}\right)$与$t$也无关系。因此证得：

$$\frac{V^2}{2}+gz+\frac{p}{\rho}=C$$

积分常数C在整个流场中取相同数值，为一普适常数。

习题2

习题2.1 由方程$\frac{d\boldsymbol{V}}{dt}=\boldsymbol{F}+\frac{1}{\rho}\nabla\cdot\boldsymbol{P}$，根据广义牛顿黏性假设及张量运算知识，导出纳维—斯托克斯(N-S)方程。

习题2.2 已知流场$u=ay,v=bx,w=0$，其中a,b为常数，试根据不计质量力和流体黏性的运动方程，导出等压线方程。

习题2.3 已知密度为ρ，体积为τ的流体微团，A为流体所具有的任一物理量，请证明：$\frac{d}{dt}\iiint\limits_{\tau}\rho A\,d\tau=\iiint\limits_{\tau}\frac{dA}{dt}\rho\,d\tau$。

习题2.4 请根据流体运动的动能方程：

$$\frac{d}{dt}\left(\frac{V^2}{2}\right)=\boldsymbol{F}\cdot\boldsymbol{V}+\frac{1}{\rho}\nabla\cdot(\boldsymbol{P}\cdot\boldsymbol{V})+\frac{p}{\rho}(\nabla\cdot\boldsymbol{V})-E$$

请证明：充满整个静止的闭合容器的不可压黏性流体，初始时刻流体为运动的，则流体最终必趋于静止。

习题2.5 采用无限小体元用控制体积法导出连续性方程在平面极坐标系中的表达式。

习题2.6 试根据拉格朗日观点下的流体连续性方程推导出欧拉观点下的表达式。

习题2.7 判断下列流场中哪一个是满足二维不可压缩流动。

(1)$u=x^2+y^2,v=x^3-xy^2$

(2)$u=xt+y,v=xt^2-yt$

(3)$u=x^2+xt,v=xyt-y^2t$

习题2.8 已知不可压缩流体在x方向上的速度分量为$u=ax+by$(其中a,b均为常数)，在z方向的速度分量为零，求其在y方向上的速度分量v的表达式，且满足$y=0$时，$v=0$。

习题2.9 说明应力分量$p_{xy}>0$及$p_{zz}<0$表示的物理意义。

习题2.10 已知某流体流动中的应力张量为：

$$\boldsymbol{P}=\begin{bmatrix}x^2+y & -3x & 0\\ -3x & 2x^2 & 0\\ 0 & 0 & 0\end{bmatrix}$$

试求点(1,1,0)以$\left(\frac{1}{2},\frac{\sqrt{2}}{2},-\frac{1}{2}\right)$为法向方向的面元的法应力和切应力大小。

习题 2.11 已知流体运动的速度场为：$u=mx+ny$，$v=lx+ny$，$w=0$，试确定该流场为三维不可压缩的条件，并求出流场的黏性应力张量。

第3章 实验流体力学的基本原理和方法

在前一章的内容里，我们推导并得出了控制流体运动的基本方程组，将流体的动力学问题归结为数学上的一个定解问题，这就是理论上求解流体动力学问题的基本途径，从而构成了理论流体力学。然而，大家知道，由于控制流体运动的基本方程组通常是由非线性偏微分方程所组成的，这就使得问题的求解非常困难，甚至是不可能的，我们仅仅对一些特殊或者较为简单的流体运动才能给出准确解。正是基于这个原因，相对于理论流体力学，还有实验流体力学的分支。流体力学实验不仅是发展验证流体力学理论的基本手段和可靠基础，同时也帮助我们解决实际流体力学问题。

实验流体力学是研究流体力学实验的基本原理、方法和实验数据修正与处理的一门流体力学学科分支。本章主要介绍流体力学实验的基本原理和方法，包括相似原理和量纲分析，它们为科学地组织实验及整理实验成果提供了理论指导，对于复杂的流动问题，还可以借助相似原理和量纲分析来建立物理量之间的联系。

3.1 流体力学模型实验和相似概念

在实际研究中许多流体力学问题的解决需要采用实验研究的方法来进行，用实物实验不仅代价昂贵，而且难以进行，甚至是不可能的，大多数都是在实验条件下的模型试验，如风洞中的飞机模型实验、水槽的船舶实验等，在大气科学领域中，如大气环流模型实验、台风模型实验、大气扩散模型实验等。

模型实验通常是在实验室条件下对实际流动和原型流动进行模拟，即把原型流动模拟成实验室的模型流动。这首先要求原型和模型中所进行的物理过程及其本质是完全一样的，只有这样的实验室模型流动才能真正代表原型中的流动，模型实验才具有实际应用意义。我们把按照以上要求所进行的模拟，称之为相似。

流体运动相似概念是几何相似概念的扩展。两个几何图形，如果对应边成比例、对应角相等，两者就是几何相似的图形。对于两个相似的物理现象，在对应时空点上所有相应物理量都保持各自固定的比例关系（如果是向量还包括方向相同）。通常，表征流动状况的相应物理量包括几何参数、运动学参数、动力学参数等，流体力学中的相似经常分为三类，即几何相似、运动相似和动力相似。

3.1.1 几何相似

几何相似要求模型流场和原型流场的"边界"几何形状相似，所有对应的线尺度成同一常数比，各对应角相等。设 $a_1, b_1, c_1 \cdots$ 和 $a_2, b_2, c_2 \cdots$ 分别为原型和模型对应点的几何尺寸，$\alpha_1, \beta_1 \cdots$ 和 $\alpha_2, \beta_2 \cdots$ 为对应点的几何角度，下标 1 表示原型的量，下标 2 表示模型的量（以下同），则：

$$\frac{a_2}{a_1} = \frac{b_2}{b_1} = \cdots = C_l \qquad (3.1)$$

$$\alpha_1 = \alpha_2, \beta_1 = \beta_2 \cdots$$

C_l 表示几何相似常数，表示模型相对于原型对应几何尺寸缩小或放大的倍数。

例如，图 3.1 宽度为 c_2 的流动水槽中，放置一线尺度分别为 a_2 和 b_2 的椭圆形障碍物，形成了一个水槽绕流模型流场，假如该模型流动与某个实际问题的原型流动几何相似，则模型流场和原型流场必须满足以下比例关系：

$$\frac{a_2}{a_1} = \frac{b_2}{b_1} = \frac{c_2}{c_1} \qquad (3.2)$$

这说明原型水流也是水槽中绕椭圆障碍物的流动，只是水槽和椭圆形障碍物的原型比模型同一比例的放大或者是缩小。对于两个几何相似的流动联合时间相似，才可以建立时空对应点，对应线等一系列的相互对应的要素。

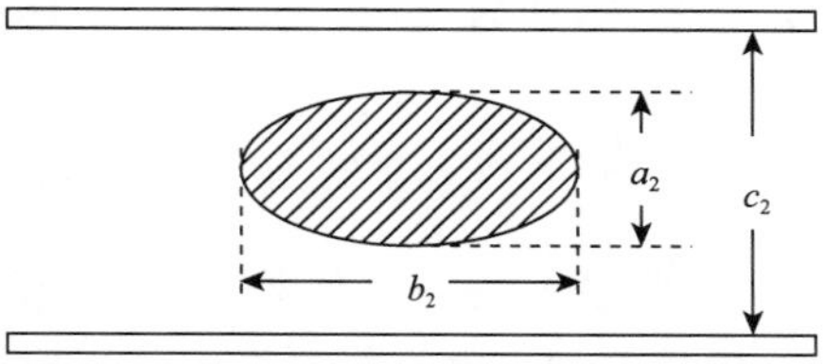

图 3.1 水槽中绕椭圆形障碍物的流动

在某些情况下，必须放弃完全的几何相似，如在一些河流和海洋模型中，深度比长度和宽度小得多，通常在铅直方向采用不同的比例。严格讲，模型和原型表面粗糙度也应具有相同的长度比例，而实际上只能近似地做到这一点。几何相似是力学相似的前提，只有在几何相似的流动中，才有可能存在相应的点，才有可能进一步探讨对应点上其他物理量的相似问题，没有几何相似就谈不上空间上的对应点。

3.1.2 运动相似

运动相似要求模型流场和原型流场所有时空间对应点上速度方向相同，大小成同一常数比，设$[u(P_1), v(P_1), w(P_1)]$、$[u(P_2), v(P_2), w(P_2)]$和$[u(Q_1), v(Q_1), w$

$(Q_1)]$、$[u(Q_2), v(Q_2), w(Q_2)]$，分别为原型和模型两对应点的速度，则：

$$\frac{u(P_2)}{u(P_1)} = \frac{v(P_2)}{v(P_1)} = \frac{w(P_2)}{w(P_1)} = \frac{u(Q_2)}{u(Q_1)} = \frac{v(Q_2)}{v(Q_1)} = \frac{w(Q_2)}{w(Q_1)} = \cdots = C_V \quad (3.3)$$

C_V 为速度相似常数。定义了速度相似和长度相似后，由于速度是位移对时间的微商，不难得到时间的相似常数：

$$C_t = \frac{t_2}{t_1} = \frac{l_2/u_2}{l_1/u_1} = \frac{C_l}{C_V} \quad (3.4)$$

由于流场的研究是流体力学的重要问题，所以，运动相似通常是模型实验的目的。由于流场边界形状形成边界流线，可知运动相似的流动必是几何相似，运动相似还要求流动具有相同的流动特征。

3.1.3 动力相似

动力相似要求模型流场和原型流场在对应的时间和空间点上，流体的动力学变量呈常数比例。对于流体的受力而言，要求两个流场中同一类作用力方向相同，大小成常数比例。对于一般流体力学问题，作用力有黏性力 F_μ、重力 F_g、惯性力 F_i 和压力 F_p 等，两流场相似就要求：

$$\frac{F_{\mu,2}}{F_{\mu,1}} = \frac{F_{g,2}}{F_{g,1}} = \frac{F_{i,2}}{F_{i,1}} = \frac{F_{p,2}}{F_{p,1}} = \cdots = C_F \quad (3.5)$$

C_F 为动力相似常数。动力相似包含了力、时间、长度三个基本动力学变量相似，由此可知动力相似要求一切动力学变量均满足相似条件。ρ, g, μ, p 等动力学变量的相似表达为：

$$\frac{\rho_2}{\rho_1} = C_\rho, \quad \frac{g_2}{g_1} = C_g, \quad \frac{\mu_2}{\mu_1} = C_\mu, \quad \frac{p_2}{p_1} = C_p \quad (3.6)$$

通常两流体力学相似的涵义就简述为几何相似、运动相似、动力相似三个方面，在满足以上三个相似之后，模型流动就能够逼真地模拟出原型流动，也只有满足以上三个相似的前提下，模拟才具有实际价值和意义；否则，模型试验就失去其模拟或解决实际流动问题的意义了。

一般说来，几何相似是运动相似和动力相似的前提和依据，动力相似是决定两流场流动相似的主导因素，运动相似是几何相似和动力相似的表现。因此，在几何相似的前提下，要保证运动的相似，主要取决于动力相似。模型试验中，要保证完全相似的流动是做不到的，这就需要抓住相似的主要因素，对研究结果应反复进行多方面的论证和修正。

3.2 不可压缩黏性流体运动的动力相似判据

相似判据通常是由若干个物理量组合而成的无量纲数，表达了不同物理量之间特定的比例关系，相似判据通常可以通过方程分析和量纲分析等方法得到。下面我们就利用不可压缩牛顿黏性假设流体的纳维—斯托克斯运动方程，通过方程分析法来导出流体力学的几个常用动力相似判据。

以 z 方向为例进行说明，原型流动 z 方向运动方程：

$$\rho_1 \frac{\partial w_1}{\partial t_1} + \rho_1 \left(u_1 \frac{\partial w_1}{\partial x_1} + v_1 \frac{\partial w_1}{\partial y_1} + w_1 \frac{\partial w_1}{\partial z_1} \right) = -\rho_1 g_1 - \frac{\partial p_1}{\partial z_1} + \mu_1 \left(\frac{\partial^2 w_1}{\partial x_1^2} + \frac{\partial^2 w_1}{\partial y_1^2} + \frac{\partial^2 w_1}{\partial z_1^2} \right) \tag{3.7}$$

以上方程反映实际流场的动力性质和物理过程。

模型流动 z 方向运动方程：

$$\rho_2 \frac{\partial w_2}{\partial t_2} + \rho_2 \left(u_2 \frac{\partial w_2}{\partial x_2} + v_2 \frac{\partial w_2}{\partial y_2} + w_2 \frac{\partial w_2}{\partial z_2} \right) = -\rho_2 g_2 - \frac{\partial p_2}{\partial z_2} + \mu_2 \left(\frac{\partial^2 w_2}{\partial x_2^2} + \frac{\partial^2 w_2}{\partial y_2^2} + \frac{\partial^2 w_2}{\partial z_2^2} \right) \tag{3.8}$$

上式则反映实验流场的动力性质和物理过程。

假定原型和模型流场满足几何相似和运动相似，则满足如下的关系式：

$$\frac{x_2}{x_1} = \frac{y_2}{y_1} = \frac{z_2}{z_1} = \frac{l_2}{l_1} \cdots = C_l \tag{3.9}$$

$$\frac{u_2}{u_1} = \frac{v_2}{v_1} = \frac{w_2}{w_1} = \frac{V_2}{V_1} \cdots = C_V \tag{3.10}$$

$$\frac{\rho_2}{\rho_1} = C_\rho = 1, \quad \frac{g_2}{g_1} = C_g = 1, \quad \frac{\mu_2}{\mu_1} = C_\mu = 1 \tag{3.11}$$

其中 C_l 和 C_V 分别为长度相似常数和速度相似常数，上式要求所有对应点均成立，且模型流体和原型流体是同一种流体，质量力仅仅为重力，处于相同流场中，当然模型流场和原型流场可以是密度和黏性不同的两种流体，也可以处在不同的重力场中。

模型流场和原型流场还要满足时间相似，也就是说模型流场并不要求与原型流场以相同的时间变化率进行，它可以加速进行，也可以延缓进行，但要求两流场所有对应点按同一时间相似常数变化，即满足：

$$\frac{t_2}{t_1} = C_t \tag{3.12}$$

在(3.9)式、(3.10)式成立的条件下，通常(3.12)式也是成立的，这表明 C_t 不是独立的，它决定于 C_l 和 C_V。

我们知道流体运动时，流场与压力场的关系是很密切的，且通常可以用 $\rho V^2/2$ 来度量流体压力。考虑到运动相似及流体密度相似，不难得到：

$$\frac{p_2}{p_1} = C_p = C_\rho C_V^2 \tag{3.13}$$

也就是说 C_p 可以是不独立的，它决定于 C_V 和 C_ρ。

将(3.9)式至(3.13)式代入方程(3.8)式中，则得：

$$\frac{C_\rho C_V}{C_t}\rho_1\frac{\partial w_1}{\partial t_1}+\frac{C_\rho C_V^2}{C_l}\rho_1\left(u_1\frac{\partial w_1}{\partial x_1}+v_1\frac{\partial w_1}{\partial y_1}+w_1\frac{\partial w_1}{\partial z_1}\right)$$

$$=-C_\rho C_g\rho_1 g_1-\frac{C_p}{C_l}\frac{\partial p_1}{\partial z_1}+\frac{C_\mu C_V}{C_l^2}\mu_1\left(\frac{\partial^2 w_1}{\partial x_1^2}+\frac{\partial^2 w_1}{\partial y_1^2}+\frac{\partial^2 w_1}{\partial z_1^2}\right) \tag{3.14}$$

考虑到原型流场所遵循的运动方程(3.7)式，欲使(3.14)式成立，下式必须成立。

$$\frac{C_\rho C_V}{C_t}=\frac{C_\rho C_V^2}{C_l}=C_\rho C_g=\frac{C_p}{C_l}=\frac{C_\mu C_V}{C_l^2} \tag{3.15}$$

这表明，在模型流场中其运动方程的各项与原型流场相比较必须成相同的常数比例，它是动力相似的充分必要条件；要满足动力相似，(3.15)式必须成立。

(3.15)式中的各项除以$\frac{C_\rho C_V^2}{C_l}$，则可得到下面四个等式：

$$\frac{C_l}{C_V C_t}=1,\frac{C_g C_l}{C_V^2}=1,\frac{C_p}{C_\rho C_V^2}=1,\frac{C_\mu}{C_V C_l C_\rho}=1 \tag{3.16}$$

将(3.9)式至(3.13)式代入(3.16)式，则得：

$$\frac{l_2}{t_2 V_2}=\frac{l_1}{t_1 V_1},\quad \frac{V_2^2}{g_2 l_2}=\frac{V_1^2}{g_1 l_1},\quad \frac{p_2}{\rho_2 V_2^2}=\frac{p_1}{\rho_1 V_1^2},\quad \frac{l_2\rho_2 V_2}{\mu_2}=\frac{l_1\rho_1 V_1}{\mu_1} \tag{3.17}$$

(3.17)式中四个等式的两端分别是模型和原型流场所对应的各物理量组成的无量纲数，只有当这些无量纲数相等时，两流场才相似，这些无量纲数就称做动力相似判据。

四个动力相似判据分别命名为：

$$\begin{cases}\dfrac{l}{tV}\equiv Sr & \text{斯特劳哈尔数(Strouhal)}\\[2ex] \dfrac{V^2}{gl}\equiv Fr & \text{弗劳德数(Froude)}\\[2ex] \dfrac{\Delta p}{\rho V^2}\equiv Eu & \text{欧拉数(Euler)}\\[2ex] \dfrac{Vl}{\upsilon}\equiv Re & \text{雷诺数(Reynolds)}\end{cases} \tag{3.18}$$

式(3.18)中，Eu 数中 Δp 代替了 p，Re 数中运动学黏性系数$\upsilon=\frac{\mu}{\rho}$。

相似判据之间并非是独立的，相似判据之间存在着函数关系，也就是某现象各物理量之间的函数关系可表示成相似判据之间的函数关系。如(3.18)式中提到的 Sr，Fr，Eu，Re 四个相似判据，可以证明只有 Sr，Fr，Re 三个是独立的，Eu 是 Sr，Fr，Re 的函数，因此，在四个相似判据中只要其中三个相等就可以了。相似判据形式可以是多样的，可以按照合理性和专业性的原则来变化，如由两个现象的雷诺数相似，即 $Re_1=Re_2$，可以导出 $f(Re_1)=f(Re_2)$，其中 f 为关于 Re 的函数关系式。

通过以上的讨论可以得出下面的结论：如果模型现象和原型现象各对应点几何相似，而且各对应点相似判据数相同，则两个现象完全相似。(3.18)式为重力场作用下的不可压缩黏性流体的四个动力相似判据，四个无量纲数在两流场对应点对应相等，并不是所有对应点都取同一个数，其值随对应点可以变化，所以，判断两流场是否相似，要分别在所有对应点上检查这四个无量纲数是否相等，这实际上是相当困难的。下一节将要介绍由特征量来组成的相似判据，可方便地克服此困难。

通常在实际的问题中不能保证所有的相似判据都分别相等，同时这些相似判据并非都是同等重要的，抓住主要的判据，忽略次要的判据，只要在实验的某一点上能达到动力相似，解决主要问题就足够了。

例如，不可压缩流体的恒定流，只有弗劳德数和雷诺数相等时才能达到动力相似，雷诺数相等则要求：

$$Re_2 = Re_1 \tag{3.19}$$

$$\frac{V_2 l_2}{\upsilon_2} = \frac{V_1 l_1}{\upsilon_1} \tag{3.20}$$

如果模型和原型采用同一种流体 $\upsilon_2 = \upsilon_1$，则长度相似常数和速度相似常数之间的关系为：

$$C_V = \frac{1}{C_l} \tag{3.21}$$

对于弗劳德数相等则要求：

$$Fr_2 = Fr_1 \tag{3.22}$$

$$\frac{V_2^2}{g_2 l_2} = \frac{V_1^2}{g_1 l_1} \tag{3.23}$$

如果设 $g_2 = g_1$，则长度相似常数和速度相似常数之间的关系为：

$$C_l = C_V^2 \tag{3.24}$$

雷诺数要求流速相似常数与长度相似常数是倒数关系，而弗劳德数要求两者是平方根关系，这显然是不可能的，若调整运动黏性系数相似常数 C_υ，使两相似判据同时满足，则要求：

$$C_\upsilon = C_l^{\frac{3}{2}} \tag{3.25}$$

这就要求在模型中采用一定黏度的流体，实际上也是很不容易实现的。因此，模型设计时，应抓住对流动起决定作用的力，保持原型和模型的该力相应相似判据相等，这种只满足主要相似判据相等的相似称为局部或部分相似。

3.3 量纲和无量纲方程

上节所得相似判据虽然可以用来作为判断两流场是否满足相似的条件，但它需要对两流场所有对应点进行比较之后，才能判定两流场是否相似，这就使得这种方法在实际应用中有很大的不便。因此，本节将通过引进特征量、无量纲量的概念，导出无量纲方程，从而得到具有很大实用性的相似判据——特征无量纲数。

3.3.1 量纲

1. 量纲

为描述某一物理现象，需要引入如时间、位移、速度、质量、压力等多个物理量，这些物理量不仅要有自身的物理属性，还应有为度量该物理量属性而规定的度量标准，也就是说每一个物理量都具有种类的差别和数量大小。

要量度某一个量，就要将它与另一个被取定为标准的同类量进行比较，这个标准量就名为单位。单位经常分为基本单位和导出单位两类。基本单位是给定的，导出单位是根据物理定义和定律由基本单位导出的。例如，普通力学中，通常选取米、千克、秒作为基本单位，而大家熟悉的压强、密度等量的单位则是由基本单位导出的。

量纲表达了物理量的种类，是测量单位抽象化的表示式。它表示了一个物理量的属性，不表示物理量的大小，如长度用[L]表示，不论其具体单位是 cm，还是 m。性质上完全不同的两种物理量可具有相同的量纲，如功和力矩。

量纲可以分为基本量纲和导出量纲，其中选取的基本量纲之间彼此相互独立，不能相互表达，且这组基本量纲能导出其他所需要的一切的量纲。基本量纲通常以规定的符号表示，导出量纲是以基本量纲的幂次项之乘积来表示。基本量纲的选取虽然具有任意性，但为了应用方便，力学问题中经常选取质量[M]、长度[L]、时间[T]为基本量纲，其他物理量量纲均为导出量纲。

物理量可以分为有量纲量和无量纲量两类。有量纲量是指与测量单位有关的量，无量纲量是指与测量单位无关的量。无量纲量可以是两个同类量的比值，也可以是由几个有量纲量通过一定的乘除组合而成，无量纲量不同于纯数字，它仍有物理量的特征和品质。如长度、时间等是有量纲量，而长度之比、面积之比等都是无量纲量。

有量纲量也分为两类：基本量(量纲独立的量)和导出量(量纲非独立的量)。在一个物理过程中，凡彼此独立，没有任何联系的量，同时这些量又能将其他的物理量表达出来这些量称为基本量。由基本量导出的量为导出量。基本量是人为选取的，并非固定不变的。基本量的数目不能大于基本单位的数目。基本量的量纲是以特定的符号表示，不考虑其具体的测量单位，导出量的量纲是基本量量纲的幂次乘积形式表示。

2. 量纲齐次性原理

凡是正确反映客观规律的物理方程中各项的量纲必须相同，这就是量纲齐次性

原理。量纲齐次性原理非常重要,因为只有具有同类的量纲才能相互加减,等号才能建立。根据这个原理可以得出两点重要推论:

(1)不同量纲的量,不能作为单项同列于物理方程中,如长度不能与时间相加,质量不能与速度相等。

(2)如果以物理方程中的任意一项除其他各项,则方程即化为无量纲形式,即得到无量纲方程。原方程和无量纲方程具有相同的物理实质。无量纲方程与具体单位的选择无关,无量纲方程中各物理量为无量纲量。

量纲齐次性原理可以用来检验物理方程和经验公式的正确性和完整性,可用来探求物理规律,建立物理方程式的结构形式。

3.3.2 无量纲方程与相似判据

在特定的物理现象和物理过程中,物理量的数值总是在一定的范围内变化,或者说是有限的、有界的。对特定的物理过程,引入最具有代表性、最能反映该物理现象的某种物理特征的数值,称为该物理量的特征值或者特征量。特征值一般用含有量纲 10 的幂次来表示,例如,风速的特征值常用 10^1 m/s 表示。

任一个物理量均可以表示为特征值和某一无量纲数的乘积。

$$物理量 = 特征值 \times 无量纲数 \tag{3.26}$$

一般情况下特征值用大写字母表示,含有量纲,反映该物理量的一般大小,无量纲数是以特征值为尺度所测得的该物理量的具体大小,用带撇号(′)的小写字母表示,反映该物理量的具体大小,无量纲数总是在 10^0 左右,与单位制的选择无关。

无量纲数不因单位制的改变而发生变化,单位制所引起的物理量数值的大小变化应包含在特征值中。如以河水流速为例,当 $u=0.006$ km/s 时,其特征流速为 $U=10^{-2}$ km/s,当 $u=6$ m/s,特征流速为 $U=10$ m/s,当 $u=600$ cm/s,特征流速为 $U=1000$ cm/s,考虑到 $u=Uu'$,则以上三种情况无量纲数 $u'=0.6$。物理量随时间、空间是变化的,而在同一过程中,特征值通常是取定不变的,因此,物理量随时间、空间坐标的变化必须由无量纲数决定,仍以江河水流速为例,由于一般江河水流速的特征值取 $U=10^1$ m/s,假如某时刻某处流速为 u_1,下一时刻该点流速为 u_2,考虑到 U 值不变,则有:

$$u_1 = Uu_1{}',u_2 = Uu_2{}' \tag{3.27}$$

$u_1{}'$和 $u_2{}'$为同一点前后两时刻的流速的无量纲数。由(3.27)式可得:

$$u_2 - u_1 = U(u_2{}' - u_1{}'),或\ \Delta u = U\Delta u'$$

流速差 Δu 等于其特征值 U 乘以相应无量纲数差 $\Delta u'$,对于空间差也有类似的结果。

下面对不可压缩流体纳维—斯托克斯方程,以其垂直方向为例,求其无量纲方程。

$$\frac{\partial w}{\partial t}+u\frac{\partial w}{\partial x}+v\frac{\partial w}{\partial y}+w\frac{\partial w}{\partial z}=-\frac{1}{\rho}\frac{\partial p}{\partial z}+\upsilon\nabla^2 w-g \tag{3.28}$$

将该方程中的物理量表示为特征量与无量纲数的乘积。

$$\begin{cases} x'=x/L, y'=y/L, z'=z/L, \\ u'=u/U, v'=v/U, w'=w/U \\ \rho'=\rho/\rho_0, p'=p/P_0, t'=t/\dfrac{L}{U} \end{cases} \tag{3.29}$$

式中,L 为特征长度,U 为特征流速,ρ_0 为特征密度,P_0 为特征压强和 t_0 为特征时间,其中特征压强和特征时间经常是非独立量。

$$P_0=\rho_0 U^2, t_0=\frac{L}{U} \tag{3.30}$$

各物理量的变化量可以表示为:

$$\Delta x'=\Delta x/L, \Delta u'=\Delta u/U, \Delta p'=\Delta p/\rho_0 U^2\cdots \tag{3.31}$$

将(3.29)式至(3.31)式代入(3.28)式的运动方程得:

$$\frac{U}{L/U}\frac{\partial w'}{\partial t'}+\frac{UU}{L}u'\frac{\partial w'}{\partial x'}+\frac{UU}{L}v'\frac{\partial w'}{\partial y'}+\frac{UU}{L}w'\frac{\partial w'}{\partial z'}$$

$$=\frac{1}{\rho_0}\frac{\rho_0 U^2}{L}\left(-\frac{1}{\rho'}\frac{\partial p'}{\partial z'}\right)+\frac{\upsilon U}{L^2}\nabla'^2 w'-g \tag{3.32}$$

式中

$$\nabla'^2=\frac{\partial^2}{\partial x'^2}+\frac{\partial^2}{\partial y'^2}+\frac{\partial^2}{\partial z'^2} \tag{3.33}$$

如果把该方程看成是多种作用力的关系,则(3.32)式中各项由特征值组成的系数表示各种特征力,$\frac{U^2}{L}$为特征惯性力,$\frac{P_0}{\rho_0 L}$为特征梯度力,$\frac{\upsilon U}{L^2}$为特征黏性力,这些特征力的量纲是相同的。

令$\frac{U^2}{L}$除(3.32)式中各项,(3.28)式的无量纲方程为:

$$\frac{\partial w'}{\partial t'}+u'\frac{\partial w'}{\partial x'}+v'\frac{\partial w'}{\partial y'}+w'\frac{\partial w'}{\partial z'}=-\frac{1}{\rho'}\frac{\partial p'}{\partial z'}+\frac{1}{Re}\nabla'^2 w'-\frac{1}{Fr} \tag{3.34}$$

其中:$Fr=\frac{U^2}{gL}$称为特征弗劳德数,$Re=\frac{LU}{\upsilon}$称为特征雷诺数。

由(3.30)式可知,特征压力和特征时间为非独立的,实际上认为特征斯特劳哈尔数$Sr=1$和特征欧拉数 $Eu=1$。用同样的方法可以导出无量纲运动方程、无量纲连续方程、无量纲边界条件和无量纲初值条件等,最终得到控制流体运动的无量纲方程组,解此方程组得到各物理量的无量纲值。

采用无量纲方程具有许多优点。无量纲方程与所选用单位制无关,为具体问题的运算带来了方便。由于各无量纲量的量级均为 10^0，所以，无量纲方程各项的大小完全反映在它们的系数——特征无量纲数上，因而，可根据特征无量纲数的大小，分析方程中各项的相对大小，保留重要项，忽略不重要项，从而简化方程，这是大气动力学中进行尺度分析简化方程的依据。

通过无量纲方程可以导出两流场相似判据：对应的特征无量纲数相等。如果提取描述某现象的物理量的特征量作为一套基本单位制，原型流场和模型流场可以看做用两套不同基本单位制测量的同一流场所得的不同结果。由于无量纲方程为与单位制无关的方程，所以，原型流场和模型流场满足同一无量纲方程，可以作为我们判断两流场是否相似的重要依据。值得指出的是，由特征无量纲数判定的相似流场只是“特征相似”，一般不认为是“严格相似”，由于特征无量纲数在整个流场是一个普遍适用的常数，不必再对所有点逐一进行相似判据检验。

3.4 特征无量纲数

特征无量纲数可以作为两流场相似的相似判据。而在实际应用中，按照不同的需要，引入了许多特征无量纲数，本节将着重讨论 *Re* 数、*Fr* 数、*Eu* 数的意义和用途。

3.4.1 雷诺数(*Re* 数)

雷诺(O. Reynolds)在研究流体不稳定和湍流问题时，最早引进了 *Re* 数，它在流体力学中具有重要的意义，随着流体力学的发展，*Re* 数成了判断黏性流体运动是否相似的重要相似判据之一，它表示特征惯性力与特征黏性力之比，即：

$$Re = \frac{\text{特征惯性力}}{\text{特征黏性力}} = \frac{UL}{\upsilon} \tag{3.35}$$

式中 U，L，υ 分别为特征流速、特征长度和特征运动学黏性系数。

它是(3.28)式左端的惯性力项和右端的黏性力项进行量级比较而得到的，即：

$$\frac{O(\mathbf{V}\cdot\nabla)w}{O(\upsilon\,\nabla^2 w)} = \frac{O\left(\dfrac{U^2}{L}(\mathbf{V}'\cdot\nabla')w'\right)}{O\left(\dfrac{\upsilon U}{L^2}\,\nabla^2 w'\right)} = \frac{UL}{\upsilon} = Re \tag{3.36}$$

$O(\quad)$符号表示该物理量的量级，$(\mathbf{V}'\cdot\nabla')w'$ 和 $\nabla^2 w'$ 为无量纲量，它们的量级为 1，υ 的特征值为自身，因此，*Re* 数也表示惯性力项的量级和黏性力项的量级之比。

Re 大小反映了惯性力和黏性力在运动方程中的相对重要性，$Re\gg 1$ 时，表示黏性力相对于惯性力很小，黏性对流动的影响并不重要，这种流动即为大 *Re* 数的弱黏性流动。$Re\ll 1$ 时，表示黏性力作用相对惯性力很大，黏性对流体运动的作用很重要，这种流动即为小 *Re* 数的强黏性流体运动，当 $Re\approx 1$ 时，表示黏性力作用和惯性

力同等重要，这种流动即为一般黏性流动。由 Re 数的定义可知，Re 数的大小不仅与流体黏性有关，还与流动的快慢以及运动尺度的大小有关，对同一种流体而言，由于运动尺度的大小和运动快慢的不同，黏性对流动影响的相对程度是不同的，小尺度缓慢流动中黏性的作用比在大尺度快速流动中要强得多。

Re 数作为相似判据，表示了黏性在流动中的相对重要性，同时它可以用来反映流体的宏观和微观特性，它又是讨论流体不稳定和湍流运动的一个重要参数，这将在后面的章节进行介绍。

3.4.2 弗劳德数(F_r 数)

Fr 数是重力作用相似的判据。它表示特征惯性力和特征重力之比。即：

$$Fr = \frac{\text{特征惯性力}}{\text{特征重力}} = \frac{U^2}{gL} \tag{3.37}$$

式中 U,L,g 分别为特征流速、特征长度和单位质量重力特征值。

它是(3.28)式左端的惯性力项和右端的重力项进行量级比较而得到的，即：

$$\frac{O(\mathbf{V} \cdot \nabla)w}{O(g)} = \frac{O\left(\frac{U^2}{L}(\mathbf{V}' \cdot \nabla')w'\right)}{O(gg')} = \frac{U^2}{gL} = Fr \tag{3.38}$$

$(\mathbf{V}' \cdot \nabla')w'$ 和 g' 为无量纲惯性力和无量纲重力，它们的量级为 1，因此 Fr 数表示运动方程中惯性力项和重力项的量级之比。反映了重力作用项在运动方程中的重要性，Fr 数 $\gg 1$ 表示重力作用相对于惯性力很小，重力作用并不重要可以不考虑，这种流动为大 Fr 数的轻流体运动。Fr 数 $\ll 1$ 时，表示重力作用相对惯性力很大，重力对流体运动作用很重要，这种流动为小 Fr 数流体运动。由 Fr 数可知，重力作用对流体运动的影响与流体运动的快慢和运动的尺度的大小有关，处于同样地球重力场中的流体运动，对于小尺度高速流动，重力的作用可略去不计，如航空工程中的高速气流的空气动力学问题，而对大尺度的缓慢运动的大气运动动力学问题则必须考虑重力的作用，如地球物理流体力学问题，所以，在流体力学中 Fr 数是区别空气动力学问题与地球物理流体力学问题的一个重要参考标志。它也是判断两流场是否特征相似的重要判据之一，在具有自由表面的液体流动问题中，重力作用跟惯性力同等重要，Fr 数是这个问题的相似判据之一，对于不具有自由表面的液体流动，在考虑相似问题时，Fr 数就不需要作为相似判据。

3.4.3 欧拉数(Eu 数)

Eu 数是压力梯度力作用相似的判据，它表示特征压力梯度力与特征惯性力之比。

$$Eu = \frac{\text{特征压力梯度力}}{\text{特征惯性力}} \tag{3.39}$$

$$Eu = \frac{\dfrac{\Delta p}{\rho_0 L}}{\dfrac{U^2}{L}} = \frac{\Delta p}{\rho_0 U^2} \tag{3.40}$$

它是由运动方程中压力梯度力和惯性力进行量级比较而得，反映了压力梯度力的相对重要性，与压力有关的现象由 Eu 数决定。

3.5 量纲分析法

由于实际流体运动的复杂性，有时候可以通过试验或者观测得出相关的物理量，但不能给出这些物理量之间的函数关系式，在这种情况下，就可以用量纲分析法，得出诸多物理量之间的正确结构形式或经验方程。量纲分析法是依据方程的齐次性原理的基础上发展起来的，经常使用的有两种：一种是瑞利法，一种是 π 定理。

3.5.1 瑞利法

假定某一物理现象与$(n+1)$个物理量 $a,a_1,a_2,\cdots,a_n$ 有关，其中任一物理量 a 可以写成其他物理量幂次项乘积的形式：

$$a = ka_1^{k_1}a_2^{k_2}\cdots a_n^{k_n} \tag{3.41}$$

其中 k 为无量纲系数，$k_1,k_2,\cdots,k_n$ 为各变量对应的幂指数。

设该现象所有物理量对应的基本量纲为[L]、[M]、[T]，则各物理量量纲可表示为：

$$
\begin{gathered}
[a] = [\mathrm{L}]^{r_1}[\mathrm{M}]^{r_2}[\mathrm{T}]^{r_3} \\
[a_1] = [\mathrm{L}]^{r_{11}}[\mathrm{M}]^{r_{12}}[\mathrm{T}]^{r_{13}} \\
[a_2] = [\mathrm{L}]^{r_{21}}[\mathrm{M}]^{r_{22}}[\mathrm{T}]^{r_{23}} \\
\cdots \\
[a_n] = [\mathrm{L}]^{r_{n1}}[\mathrm{M}]^{r_{n2}}[\mathrm{T}]^{r_{n3}}
\end{gathered}
$$

由此可以得到：各物理量对应的基本量纲的幂指数 r_1,r_2,r_3 以及 $r_{i1},r_{i2},r_{i3}(i=1,2,\cdots,n)$的大小。

由量纲齐次性原理，(3.41)方程式等号两边量纲必须相等。

$$[a] = [a_1]^{k_1}[a_2]^{k_2}\cdots[a_n]^{k_n} \tag{3.42}$$

则可得到关于未知数 $k_1,k_2,\cdots,k_n$ 的代数方程：

$$
\begin{cases}
r_1 = r_{11}k_1 + r_{21}k_2 + \cdots + r_{n1}k_n \\
r_2 = r_{12}k_1 + r_{22}k_2 + \cdots + r_{n2}k_n \\
r_3 = r_{13}k_1 + r_{23}k_2 + \cdots + r_{n3}k_n
\end{cases} \tag{3.43}
$$

(3.43)式中基本量纲只有3个,所以方程数为3个,但涉及 n 个未知数,当 $n>3$ 时,只有3个 k_i 受方程式约束,其余的 $(n-3)$ 个 k_i 可由其他的函数来表示,这样将得到所有 k_i 值,方程式就可以建立起来了,这种方法被瑞利首先建立,故在量纲分析法则中被称为瑞利方法。把 $k_1,k_2,\cdots,k_n$ 代入(3.41)式就是可以确定出 a 与 $a_1,a_2,\cdots,a_n$ 之间的关系,只差一个无量纲数 k 不能确定,可由理论推算或实验求得。在实际应用中,因为基本量纲经常只有3个,即[L]、[M]、[T],只能确定以上其中3个幂指数,其余 $(n-3)$ 个幂指数待定,因此,瑞利法只适用于比较简单较少变量的运动问题。

3.5.2 π定理

假设某一个物理过程包含有 n 个物理量,m 个基本量,当 n 个物理量用 m 个基本量来表达时,该物理过程就用 $(n-m)$ 个的无量纲量关系式来表达,由于无量纲量用 $\pi_i(i=1,2,\cdots,n-m)$ 来表示,故称为 π 定理,它是由布金汉(E. Buckingham)提出,故也称布金汉定理。在介绍 π 定理前,首先来介绍基本量的选取方法。

1. 基本量的选取

n 个物理量中,设有 m 个基本量 $a_1,a_2,\cdots,a_m$,它们同时满足下述两个条件,则称这 m 个物理量为这个 n 物理量中的一组基本量:

(1)基本量为量纲独立量,基本量中任一个物理量不可能由其余的物理量的幂的乘积表示,不可能由这 m 个基本量共同组成一个无量纲量。

(2)n 个物理量中任何一物理量 a_i 的量纲都可以用这 m 个基本量的量纲的幂乘积形式来表示,即:$[a_i]=[a_1]^{r_{i1}}[a_2]^{r_{i2}}\cdots[a_m]^{r_{im}}$,式中 $r_{i1},r_{i2},\cdots,r_{im}$ 为待定幂指数常数,$i=1,2,\cdots,n$。

从 n 个物理量中找出一组基本物理量 $a_1,a_2,\cdots,a_m$ 的方法是:首先排列出该 n 个物理量分别用 m 个基本量纲表示的幂指数矩阵,设 m 个基本量纲数为 $L_1,L_2,\cdots,L_m$,则 $[a_i]=[L_1]^{k_{i1}}[L_2]^{k_{i2}}\cdots[L_m]^{k_{im}}$,$k_{i1},k_{i2},\cdots,k_{im}$ 为 a_i 对应基本量纲的幂指数。则 n 个物理量对应 m 个基本量纲的幂指数矩阵为:

$$\begin{bmatrix} k_{11} & k_{21} & \cdots & k_{n1} \\ k_{12} & k_{22} & \cdots & k_{n2} \\ \vdots & \vdots & & \vdots \\ k_{1m} & k_{2m} & \cdots & k_{nm} \end{bmatrix} \tag{3.44}$$

然后从(3.44)矩阵中找出一个其值不为零的、最高阶数为 m 的子行列式,其对应的 m 个物理量就是一组基本物理量,不为零的 m 阶子行列是选取基本量的充分必要条件。一组物理量中有几个基本量纲就有几个基本量,基本量的选取不是唯一的,有很多选择,只要同时满足上面两个条件都可以作为基本量。

2. π 定理

同一个物理过程出现的多个物理量，必须服从一定的规律，因而各变量之间存在相互制约的关系，假设具有如下的关系表达式：

$$a = f(a_1, a_2, \cdots, a_n) \tag{3.45}$$

其中，$a_1, a_2, \cdots, a_n$ 为主定量或自变量，a 为待定量或因变量。

设在 n 个主定量中有 m 个基本量，$(n-m)$ 个导出量，则各导出量的量纲可以用 m 个基本量的量纲幂次项乘积的形式表示：

$$\begin{cases} [a_{m+1}] = [a_1]^{r_{11}} [a_2]^{r_{12}} \cdots [a_m]^{r_{1m}} \\ [a_{m+2}] = [a_1]^{r_{21}} [a_2]^{r_{22}} \cdots [a_m]^{r_{2m}} \\ \cdots \\ [a_n] = [a_1]^{r_{(n-m)1}} [a_2]^{r_{(n-m)2}} \cdots [a_m]^{r_{(n-m)m}} \end{cases} \tag{3.46}$$

其中 $r_{i1}, r_{i2}, \cdots, r_{im}(i=1,2,\cdots,n-m)$ 为幂指数，可以通过量纲齐次性原理求得。同样待定量的量纲也可以由 m 个基本量的量纲幂次项乘积的形式表示：

$$[a] = [a_1]^{r_1} [a_2]^{r_2} \cdots [a_m]^{r_m} \tag{3.47}$$

同样 $r_1, r_2, \cdots, r_m$ 也可通过量纲齐次性原理求得。

(3.46)式和(3.47)式根据量纲齐次性原理可以得到：

$$\begin{cases} a = \pi a_1^{r_1} a_2^{r_2} a_m^{r_m} \\ a_{m+1} = \pi_1 a_1^{r_{11}} a_2^{r_{12}} \cdots a_m^{\gamma_{1m}} \\ a_{m+2} = \pi_2 a_1^{r_{21}} a_2^{\gamma_{22}} \cdots a_m^{\gamma_{2m}} \\ \cdots \\ a_n = \pi_{n-m} a_1^{\gamma_{(n-m)1}} a_2^{\gamma_{(n-m)2}} \cdots a_m^{\gamma_{(n-m)m}} \end{cases} \tag{3.48}$$

则联系导出量与基本量的无量纲数：

$$\begin{cases} \pi = \dfrac{a}{a_1^{r_1} a_2^{r_2} \cdots a_m^{r_m}} \\ \pi_1 = \dfrac{a_{m+1}}{a_1^{r_{11}} a_2^{r_{12}} \cdots a_m^{\gamma_{1m}}} \\ \pi_2 = \dfrac{a_{m+2}}{a_1^{r_{21}} a_2^{\gamma_{22}} \cdots a_m^{\gamma_{2m}}} \\ \cdots \\ \pi_{n-m} = \dfrac{a_n}{a_1^{\gamma_{(n-m)1}} a_2^{\gamma_{(n-m)2}} \cdots a_m^{\gamma_{(n-m)m}}} \end{cases} \tag{3.49}$$

则方程式(3.45)可以表示为：

$$a = f(a_1, a_2, \cdots, a_n) = \pi a_1^{r_1} a_2^{r_2} \cdots a_m^{\gamma_m} \tag{3.50}$$

进一步有：

$$\pi = \frac{f(a_1, a_2, \cdots, a_n)}{a_1^{r_1} a_2^{r_2} \cdots a_m^{r_m}} = f_1(a_1, a_2, \cdots, a_m, \pi_1, \pi_2, \cdots, \pi_{n-m}) \tag{3.51}$$

考虑方程两边都是无量纲量的，可得无量纲方程为：

$$\pi = \varphi(\pi_1, \pi_2, \cdots, \pi_{n-m}) \tag{3.52}$$

最终有：

$$a = a_1^{r_1} a_2^{r_2} \cdots a_m^{r_m} \varphi(\pi_1, \pi_2, \cdots, \pi_{n-m}) \tag{3.53}$$

经常通过理论分析或实验资料来确定(3.53)式函数 φ 的具体形式。从(3.45)式到(3.52)式，函数自变量个数由 n 个减少成了$(n-m)$个，简化了方程求解，另一方面也简化了实验数据的处理。对于一个物理现象，无量纲量 π 的个数是固定的，但随选用的基本量不同，π 的组合形式不同，另外在必要时，可将 π 项相互或自相乘除，以改变其形式，但这些并不反映新的规律，所以，应根据所研究的物理现象，选用物理意义明确、模型实验时容易控制的 π 的组合。应用 π 定理还有一些需要注意，根据实际问题，选择合理的物理参数，漏选、错选或选择可以由其他量决定的重复物理量都可能导致错误的结论。

3. π 定理与相似判据

从前面的知识我们可以看出，相似的概念表明，同一类物理过程发生在不同的时间和空间场时，对应点上各同名特性量成常数比；而量纲分析则表明，同一物理过程发生在一定的时间和空间场，以不同测量单位系来测量，则各时、空点上同名特性量取不同数值，且成常数倍。由此可见，相似和量纲分析有一定的联系，而实际上可以利用量纲分析方法来讨论相似问题，也就是说，可以应用 π 定理来得到相似判据。

假设现有反映同一类物理过程的两个现象(I)和(II)，对于现象(I)，其中的各物理量满足以下关系：

$$a = f(a_1, a_2, \cdots, a_n) \tag{3.54}$$

而对于现象(II)，各物理量则满足以下关系：

$$a' = f(a_1', a_2', \cdots, a_n') \tag{3.55}$$

如果两个现象是同一类物理过程，它们必须遵循同一自然规律，从而要求函数 f 是相同的。

由于两现象是相似的，故各对应时间、空间点上的同名物理量成常数比，当然我们从另外一个角度来看，可以将以上二式看做发生在一定时间、空间场的同一物理现象，用两种不同的测量单位测得的各物理量数据之间的两个关系式，根据 π 定理，(3.54)式和(3.55)式均可以化为无量纲形式：

$$\pi = \varphi(\pi_1, \pi_2, \cdots, \pi_{n-m}) \tag{3.56}$$

π 和 $\pi_i(i=1,2,\cdots,n-m)$为无量纲数，与单位无关，不随测量单位的变化而变化，相似现象(I)和(II)对应的 π 和 π_i 数都应该相同。

可以将以上结果用于相似的判别上，如果以上二式分布表示两个相似现象的函数关系，我们可以得到其对应的无量纲关系式(3.56)，而且 π 和 $\pi_i(i=1,2,\cdots,n-m)$ 都是不变量，这就是相似性判据。也就是说，两个过程相似，对应的 π 和 $\pi_i(i=1,2,\cdots,n-m)$ 都是不变量，可以把 π 和 $\pi_i(i=1,2,\cdots,n-m)$ 看做相似判据，其中自变量作为主定相似判据，因变量而作为被定相似判据，前者相同，后者一定不变。

3.6 小结与例题

3.6.1 小结

本章主要介绍了实验流体力学的基本原理和方法。首先给出了实验流体力学中常用的相似概念；在此基础上，介绍了用于确定动力相似的几种常用的方法。其中，引入了量纲、特征量、无量纲量的基本概念，导出无量纲方程，给出了特征雷诺数、特征弗劳德数、特征欧拉数等常用的无量纲数的定义；最后介绍了瑞利法和 π 定理两种常用的量纲分析法在流体力学中的应用。

3.6.2 例题

例 3.1 试以量纲分析方法说明方程：

$$p+\frac{1}{2}\rho V^2+\rho gh = H(\text{const})$$

是密度为 ρ 的流体沿流线做摩擦运动时，物理量 p,ρ,h 之间的一个可能的关系式，并确定 H 的量纲。

解：根据量纲齐次性原理，该关系式要成立，至少必须保证方程各项的量纲相同，且 H 也具有相同的量纲，换句话说，每一项都必须包含基本量纲的相同次幂。

首先各物理量的量纲为：

$$[p]=[\mathrm{M}][\mathrm{L}]^{-1}[\mathrm{T}]^{-2},[h]=[\mathrm{L}],[V]=[\mathrm{L}][\mathrm{T}]^{-1}$$
$$[\rho]=[\mathrm{M}][\mathrm{L}]^{-3},[g]=[\mathrm{L}][\mathrm{T}]^{-2}$$

则方程中左边各项的量纲为：

$$\begin{cases}[p]=[\mathrm{M}][\mathrm{L}]^{-1}[\mathrm{T}]^{-2}\\ \left[\dfrac{1}{2}\rho V^2\right]=[\mathrm{M}][\mathrm{L}]^{-1}[\mathrm{T}]^{-2}\\ [\rho gh]=[\mathrm{M}][\mathrm{L}]^{-1}[\mathrm{T}]^{-2}\end{cases}$$

所以，当 $[H]=[\mathrm{M}][\mathrm{L}]^{-1}[\mathrm{T}]^{-2}$ 时，上式满足量纲齐次性原理，说明它是此问题的可

能关系式(必要条件)。

例 3.2 已知压力波在流体中的传播,其速度 v 与流体的弹性(用弹性模系数 K 表示,其$[K]=[\mathrm{M}][\mathrm{L}]^{-1}[\mathrm{T}]^{-2}$)及其密度 ρ 有关,试用量纲分析方法导出三者之间可能的关系式 $v=f(K,\rho)$。

解:假设 v,K,ρ 满足关系 $v=cK^a\rho^b$,其中 c 为常数,a,b 是未知数。各物理量的量纲为:

$$[v]=[\mathrm{L}][\mathrm{T}]^{-1},[K]=[\mathrm{M}][\mathrm{L}]^{-1}[\mathrm{T}]^{-2},[\rho]=[\mathrm{M}][\mathrm{L}]^{-3}$$

根据量纲齐次性原理,关系式 $v=cK^a\rho^b$ 等号两边量纲必须相等。

$$[v]=[K]^a[\rho]^b$$

$$[\mathrm{L}][\mathrm{T}]^{-1}=[\mathrm{M}]^a[\mathrm{L}]^{-a}[\mathrm{T}]^{-2a}[\mathrm{M}]^b[\mathrm{L}]^{-3b}$$

若使上式成立,方程两边对基本量纲的幂次相同:

$$\begin{cases}1=-a-3b\\-1=-2a\\0=a+b\end{cases}$$

解得:$a=\dfrac{1}{2},b=-\dfrac{1}{2}$。

故压力波的传播速度 v 与流体的弹性模数 K 和密度 ρ 的可能关系式为:

$$v=cK^{\frac{1}{2}}\rho^{-\frac{1}{2}}$$

例 3.3 已知长度为 l 的物体以速度 u,在密度为 ρ,黏性系数为 μ 的流体中运动,试用 π 定理导出阻力 D 的无量纲数表达式。

解:该现象涉及 5 个物理量 l,u,ρ,μ,D,设基本量纲为[L]、[M]、[T],则这 5 个物理量的量纲表达式为:

$$[l]=[\mathrm{L}],[u]=[\mathrm{L}][\mathrm{T}]^{-1},[\rho]=[\mathrm{M}][\mathrm{L}]^{-3}$$

D 为阻力,表示了单位面积所受的应力,其量纲表达式为:

$$[D]=[\mathrm{M}][\mathrm{L}][\mathrm{T}]^{-2}[\mathrm{L}]^{-2}=[\mathrm{M}][\mathrm{L}]^{-1}[\mathrm{T}]^{-2}$$

根据 $\tau_{zx}=\mu\dfrac{\mathrm{d}u}{\mathrm{d}z}$,$\mu$ 的量纲为:

$$[\mu]=\left[\tau_{zx}\Big/\frac{\mathrm{d}u}{\mathrm{d}z}\right]=\frac{[\mathrm{M}][\mathrm{L}]^{-1}[\mathrm{T}]^{-2}}{[\mathrm{L}]^{-1}}\cdot\frac{[\mathrm{T}]}{[\mathrm{L}]}=[\mathrm{M}][\mathrm{L}]^{-1}[\mathrm{T}]^{-1}$$

根据 π 定理,D 用 l,u,ρ 为基本量表达为 $\pi=\dfrac{D}{\rho^\alpha u^\beta l^\gamma}$,其量纲表达式为:

$$\frac{[\mathrm{M}][\mathrm{L}]^{-1}[\mathrm{T}]^{-2}}{[\mathrm{M}]^\alpha[\mathrm{L}]^{-3\alpha}[\mathrm{L}]^\beta[\mathrm{T}]^{-\beta}[\mathrm{L}]^\gamma}=1$$

进一步求得 α,β,γ 待定系数为:$\alpha=1,\beta=2,\gamma=0$,则:

$$\pi = \frac{D}{\rho u^2}$$

同理 μ 的表达式为：$\pi_1 = \frac{\mu}{\rho^a u^b l^c}$，其量纲表达式为：

$$\frac{[\mathrm{M}][\mathrm{L}]^{-1}[\mathrm{T}]^{-1}}{[\mathrm{M}]^a[\mathrm{L}]^{-3a}[\mathrm{L}]^b[\mathrm{T}]^{-b}[\mathrm{L}]^c} = 1$$

其中 a,b,c 为待定系数，则可得到：$a=1,b=1,c=1$，则：

$$\pi_1 = \frac{\mu}{\rho u l}$$

根据 $\pi=\varphi(\pi_1)$，则导出 D 的无量纲表达式为 $\frac{D}{\rho u^2}=\varphi\left(\frac{\mu}{\rho u l}\right)=\varphi\left(\frac{1}{Re}\right)$。

例 3.4 若螺旋桨的推进力 F 与其直径 d，推进速度 V，每秒转数 n，以及流体密度 ρ 和黏性系数 μ 有关，试用 π 定理证明推力的表达式为：$F=\rho d^2 V^2 \varphi\left(\frac{\mu}{\rho d V},\frac{dn}{V}\right)$，取以下两组基本量分别求解本题：(1)$\rho$,$V$ 和 d；(2)F,V 和 ρ。

解：(1)若以 ρ,V 和 d 作为基本量，分析各量的量纲后，可以得到：

$$\pi = \frac{F}{\rho V^2 d^2}$$（F 用 ρ,V 和 d 基本量表示所得无量纲数）

$$\pi_1 = \frac{\mu}{\rho V d}$$（μ 用 ρ,V 和 d 基本量表示所得无量纲数）

$$\pi_2 = \frac{dn}{V}$$（n 用 ρ,V 和 d 基本量表示所得无量纲数）

根据 π 定理所得关系式 $\pi=\varphi(\pi_1,\pi_2)$，于是 $\frac{F}{\rho V^2 d^2}=\varphi\left(\frac{\mu}{\rho V d},\frac{dn}{V}\right)$，则：

$$F=\rho V^2 d^2 \varphi\left(\frac{\mu}{\rho V d},\frac{dn}{V}\right)。$$

(2)若取 F,V 和 ρ 作为基本量，分析各量的量纲后，可以得到：

$$\pi = \frac{F}{\rho V^2 d^2}$$（与直径 d 组成的无量纲数）

$$\pi_1 = \frac{Fn^2}{\rho V^4}$$（与转数 n 组成的无量纲数）

$$\pi_2 = \frac{F\rho}{\mu^2}$$（与黏性系数 μ 组成的无量纲数）

可得无量纲数的表达式为 $\pi=\varphi(\pi_1,\pi_2)$，即：

$$\frac{F}{\rho V^2 d^2} = \varphi\left(\frac{Fn^2}{\rho V^4},\frac{F\rho}{\mu^2}\right)$$

为了求得所要证明的形式，把上式改写为：

$$\frac{F}{\rho V^2 d^2}=\left(\frac{Fn^2}{\rho V^4}\right)^a\left(\frac{F\rho}{\mu^2}\right)^b\times 常数$$

将上式的两边分别乘以$\left(\frac{F}{\rho V^2 d^2}\right)^{-a-b}$，结果为：

$$\left(\frac{F}{\rho V^2 d^2}\right)^{1-a-b}=\left(\frac{Fn^2}{\rho V^4}\frac{\rho V^2 d^2}{F}\right)^a\left(\frac{F\rho}{\mu^2}\frac{\rho V^2 d^2}{F}\right)^b\times 常数$$
$$=\left(\frac{nd}{V}\right)^{2a}\left(\frac{\rho Vd}{\mu}\right)^{2b}\times 常数$$

即$\frac{F}{\rho V^2 d^2}=\varphi\left(\frac{\mu}{\rho dV},\frac{dn}{V}\right)$，则$F=\rho V^2 d^2\varphi\left(\frac{\mu}{\rho dV},\frac{dn}{V}\right)$。

习题 3

习题 3.1 流体力学实验相似主要具体包括哪些方面的内容？

习题 3.2 不可压缩黏性流体运动动力相似准则主要包括哪几个？

习题 3.3 单位和量纲的含义是什么？二者的区别是什么？

习题 3.4 无量纲方程的意义是什么？

习题 3.5 什么是量纲齐次性原理？

习题 3.6 物理量可分解为特征值和无量纲数的乘积，简述特征值和无量纲数具有什么样的特征？

习题 3.7 分析特征雷诺数、特征弗劳德数、特征欧拉数的物理意义；为什么各特征数都与特征惯性力作比较？

习题 3.8 用量纲分析法将各组物理量组合成无量纲量：①τ,v,ρ；②v,g,l；③F,ρ,l,v。

习题 3.9 用量纲齐次性原理检验牛顿黏性假设$\tau=\mu\frac{\mathrm{d}u}{\mathrm{d}y}$的正确性。

习题 3.10 一机翼的弦长为 600 mm，运动速度为 20.2 m/s，若以弦长为 150 mm 的模型在风洞中进行实验，当保证 Re 数相等时，风洞工作段中应具有速度为多少？

习题 3.11 若自由落体的下落距离 s 与落体质量 m，重力加速度 g 及下落时间 t 有关，试用量纲分析法导出自由落体下落距离的关系式。

习题 3.12 机翼在空气中运动时，机翼所受到的阻力 R 与机翼的弦长 l，运动速度 v，空气密度 ρ，黏性系数 μ，比热容之比 K 及音速 a 有关，用 π 定理确定机翼阻力函数关系（其中 $K=\frac{C_p}{C_V}=\frac{定压比热容}{定容比热容}$为无量纲数）。

第4章　流体涡旋动力学基础

前面第1章我们已引入了涡度($\nabla\times V$)的概念，并且知道了涡度是表征流体质点的自转。这一章我们将进一步学习有旋运动(或涡旋运动)和无旋运动的概念。有旋运动是流体中最普遍存在的一种运动形式，最先发展起来的无旋运动只不过是有旋运动在特定条件下的简化，而有旋运动的研究一直是流体力学理论和应用研究中最具有挑战性的课题之一。故本章重点对有旋运动进行分析研究。

自然界中的流体运动，一般是有旋的，这些有旋运动有时以比较明显可见的涡旋形式表现出来。例如，狂风掠过高墙转角出现的旋风，船舶航行时船尾后面形成的涡旋，汽车开过后所卷起的飞扬尘土，以及大气中的气旋、反气旋、龙卷、台风等。但在更多的情况下流体运动的涡旋性并不是一眼就能够看出来的。例如，当物体运动时，在物体表面形成一层很薄的边界层，在此薄剪切层中每一点都是涡旋，而这些涡旋肉眼却是观察不到的。至于自然界大量存在的湍流运动更是充满着尺度不同的大小涡旋。

研究涡旋运动具有重要的意义，因为涡旋的产生和变化对于流体运动有着重要的影响。例如，大气中的气旋的形成和变化常常决定了晴雨等气象条件的变化。对运动的物体来说，不论是飞机、船舶和流体机械中的叶片，因为涡旋的产生，伴随着能量的消耗，从而增加阻力，这种阻力称为涡旋阻力。任何运动工具或器械都不希望出现过大的阻力。然而在另一些问题中，阻力又是人们所期望的，如降落伞下落时，伞顶的涡旋产生的阻力，降低了下落速度；飞机着陆后，两侧制动挡风板的涡旋阻力，使飞机减速以缩小滑行距离；划艇桨叶后的涡旋阻力，就是对船艇的推力；水坝泄水道下游河床中布设乱石或三角水泥桩，使水流产生大量涡旋，以消耗流体能量而降低冲击力，起到保护河堤或建筑物的作用。可以看到，涡旋产生的后果与任何事物一样，具有两重性。所以，我们研究涡旋运动的目的.就是要掌握涡旋运动的基本规律，在我们不需要它的地方，就设法防止它的产生，在需要它的地方，就千方百计地使它充分发展。

本章首先介绍有旋、无旋运动的概念，并进一步给出研究无旋运动比较简单的描述方法，最后针对有旋运动作重点研究，即研究使涡旋产生、发展和消亡的基本规律。

4.1 流体有旋、无旋运动

第1章中我们学习了涡度$\nabla\times\boldsymbol{V}$(Curl $\boldsymbol{V}$\rot $\boldsymbol{V}$\$\zeta$)的概念，对于给定的速度场$\boldsymbol{V}(x,y,z,t)$做旋度运算，即得涡度：

$$\nabla\times\boldsymbol{V}=\begin{vmatrix}\boldsymbol{i} & \boldsymbol{j} & \boldsymbol{k}\\ \dfrac{\partial}{\partial x} & \dfrac{\partial}{\partial y} & \dfrac{\partial}{\partial z}\\ u & v & w\end{vmatrix}=\left(\frac{\partial w}{\partial y}-\frac{\partial v}{\partial z}\right)\boldsymbol{i}+\left(\frac{\partial u}{\partial z}-\frac{\partial w}{\partial x}\right)\boldsymbol{j}+\left(\frac{\partial v}{\partial x}-\frac{\partial u}{\partial y}\right)\boldsymbol{k} \tag{4.1}$$

若求出的涡度场满足下面的条件：至少在一部分区域中$\nabla\times\boldsymbol{V}\neq 0$，则此流体运动称为有旋运动，若在整个流动区域中$\nabla\times\boldsymbol{V}=0$，则称此流体运动为无旋运动。

结合前面所讲，涡度表征的是流体质点的自转，$\nabla\times\boldsymbol{V}\neq 0$表示流体运动有自转，$\nabla\times\boldsymbol{V}=0$表示流体运动无自转，故有旋运动和无旋运动也可从物理图像上加以区别，即流体运动过程中，流体质点若有自转，即为有旋运动，若无自转，则为无旋运动。

4.2 速度势函数和流函数

理解了有旋运动和无旋运动的概念后，本节引入两个新的函数：速度势函数和流函数。对于某些类型的流动，分别用这两个函数来描述流动，有其独特的方便之处。

4.2.1 速度势函数

自然界中的无旋流动是很少的，但有某些流动，像我们很感兴趣的波浪运动和机翼外部的绕流，可以认为或近似认为是理想流体的无旋运动。对于无旋运动，我们可以引进速度势函数，以便进行简单处理。

1. 速度势函数的引入

如果流体做无旋运动，则有$\nabla\times\boldsymbol{V}=0$。另据矢量分析知识可知，任意一函数的梯度取旋度恒等于零：$\nabla\times\nabla\varphi\equiv 0$，此式与上式对比可知，对于无旋流动，必定存在一个函数$\varphi(x,y,z,t)$满足如下的关系式：

$$\boldsymbol{V}=-\nabla\varphi \text{ 或 } \boldsymbol{V}=-\mathbf{grad}\,\varphi \tag{4.2}$$

在直角坐标系中，其分量表达式为：

$$u=-\frac{\partial\varphi}{\partial x},\quad v=-\frac{\partial\varphi}{\partial y},\quad w=-\frac{\partial\varphi}{\partial z} \tag{4.3}$$

这说明无旋流动时，其速度矢$\boldsymbol{V}$总可以用函数φ的梯度来表示，故把标量函数$\varphi(x,y,z,t)$叫做速度(位)势函数(或速度势)。因此，流体做无旋流动时必存在速度势，无旋运动又常称为有势流动或势流。

由于无旋运动必然有势，而有势存在时必为无旋运动，因此，对无旋运动的研究可以转化为对速度势 φ 的研究。接下来就要弄清楚如何用速度势 φ 来描述无旋运动。

对于某一固定时刻，取

$$\varphi(x,y,z,t) = \text{常数} \tag{4.4}$$

(4.4)式所对应的几何图像通常为一空间曲面，称为等势函数面或者等位势面。上式取不同常数表示不同的等位势面形成等位势面族。

由流速场与速度势的关系 $\boldsymbol{V}=-\nabla\varphi$ 可知，流速矢与等位势面相垂直，由高位势流向低位势，等位势面紧密处，位势梯度大，相应的流速大；等位势面稀疏处，位势梯度小，相应的流速小。由上可见用速度势描述无旋运动的方便之处。

2. 引入速度势函数的优点

用速度势 φ 来研究无旋运动有什么好处呢？首先用流速矢 $\boldsymbol{V}$ 描述流体运动（注意其含有三个分量）需要给定三个变量 u,v,w 来刻画流体的运动情况。而引进了速度势后，根据(4.3)式，可以通过求偏导数的方法得到速度，即只要一个变量（速度势 φ）就可以来描述流体运动，这样大大地减少了描写流体运动所需的变量，简化了问题。

另外一个好处就是可以用速度势 φ 来表征流体散度。流体的散度值为：

$$D=\frac{\partial u}{\partial x}+\frac{\partial v}{\partial y}+\frac{\partial w}{\partial z} \tag{4.5}$$

将速度势的定义(4.3)式代入上式有：

$$\nabla^2\varphi=-D \tag{4.6}$$

其中 $\nabla^2=\frac{\partial^2}{\partial x^2}+\frac{\partial^2}{\partial y^2}+\frac{\partial^2}{\partial z^2}$ 为三维拉普拉斯算子。可见，如果已知速度势 φ，代入(4.6)式即可求得流体的散度。

3. 速度势函数的求解

既然用速度势能够方便地描述无旋运动，那么怎样求解速度势？下面将求解速度势的具体方法总结如下：

(1)如已知 D，直接求解泊松(Poisson)方程(4.6)，可得速度势。

(2)如已知速度场(u,v,w)，可以先通过(4.5)式求出 D，然后再求解泊松方程(4.6)，最终得到速度势。

(3)如已知速度场(u,v,w)，根据

$$\mathrm{d}\varphi=\frac{\partial\varphi}{\partial x}\mathrm{d}x+\frac{\partial\varphi}{\partial y}\mathrm{d}y+\frac{\partial\varphi}{\partial z}\mathrm{d}z \tag{4.7}$$

将(4.3)式代入上式，并积分有：

$$\varphi=\int -u\mathrm{d}x-v\mathrm{d}y-w\mathrm{d}z \tag{4.8}$$

也可求得速度势 φ。

4.2.2 流函数

1. 平面运动(二维运动)

引入流函数之前先引入平面运动的定义。任一时刻，若流体中各点速度矢 **V** 都与某一固定平面平行，并且各物理量在该固定平面的垂直方向上没有变化，则称这种运动为平面运动。

若取该固定平面为 xOy 平面，则平面运动应满足下列条件：

$$\begin{cases} w=0 \\ \dfrac{\partial B}{\partial z}=0 \end{cases} \tag{4.9}$$

其中 B 为该平面运动中任一物理量。由上式不难得到如下结论：垂直于 Oz 轴的各平面上的流体运动完全一样，我们只要考虑其中任一平面上的流体运动就可以了。

在实际工程问题和自然现象中，严格的平面运动并不存在，但在实际应用中，可将某些流动情况进行简化处理，看成是平面流动。比如当流体沿垂直于轴线的方向流过一无限长圆柱体，或流过一无限长机翼时，所产生的流动就可近似地看做平面流动。虽然这是一种简化处理，但研究这种流动仍有重要的理论意义和实用价值。通过对它的研究可以对流动的性质有更多的了解，可以抓住流体运动的主要特征及积累处理问题的方法等，所有这些都是解决更复杂流动问题所必需的。

2. 流函数的引入

第 1 章中引入流体散度的概念之后，曾将流体运动分为：无辐散流和辐散流，对应的流体分别称为不可压缩流体和可压缩流体。

考虑二维无辐散流动，即满足：

$$\begin{cases} w=0 \\ u=u(x,y,t), \quad v=v(x,y,t) \\ \dfrac{\partial u}{\partial x}+\dfrac{\partial v}{\partial y}=0 \end{cases} \tag{4.10}$$

此流动就是上面所说的平面运动，而且是不可压流体做平面运动。其流线方程为：

$$\frac{\mathrm{d}x}{u}=\frac{\mathrm{d}y}{v} \text{ 或 } v\mathrm{d}x-u\mathrm{d}y=0 \tag{4.11}$$

根据格林积分公式(平面曲线积分与路径无关的条件)可知，满足(4.10)第三式，即二维无辐散条件下，可将方程(4.11)式左端写成某个函数的全微分形式，即：

$$d\psi(x,y,t)=v(x,y,t)dx-u(x,y,t)dy=0 \tag{4.12}$$

由此可得，流速与该函数满足：

$$u=-\frac{\partial\psi}{\partial y},\quad v=\frac{\partial\psi}{\partial x} \tag{4.13}$$

或者可写成矢量形式：

$$\boldsymbol{V}=\boldsymbol{k}\times\nabla\psi \tag{4.14}$$

式中$\nabla=\frac{\partial}{\partial x}\boldsymbol{i}+\frac{\partial}{\partial y}\boldsymbol{j}$为二维矢量微分算符。$\psi(x,y,t)$称之为流函数。由上面的讨论可知，只要不可压缩流体做平面运动(二维无辐散流动)，不论流场是否有旋，流动是否定常，流体是理想流体还是黏性流体，一定存在流函数ψ；而流函数ψ的存在就表示不可压缩流体作平面运动。因此，可以用标量函数ψ来描述不可压缩流体的平面运动，即描述二维无辐散流动。

如何用流函数来描述不可压缩流体的平面运动呢？

由(4.12)式$d\psi=0$(注意它实际就是流线微分方程)积分可以得到：

$$\psi(x,y,t)=\text{常数} \tag{4.15}$$

(4.15)式取定常数后，对于某一固定时刻t，其几何图像通常就是xOy平面上的曲线，它是由流线方程积分所得的曲线。由(4.15)式不难看出，此曲线上的切线处处与流速矢的方向相吻合，所以，(4.15)式的几何图像就是流线。同时由(4.15)式可知，它也是流函数的等值线。不同常数对应于不同的流线，由于函数ψ与流线之间有这样的关系，故称$\psi(x,y,t)$为流函数。

这就告诉我们，当用流函数来描述不可压缩流体的平面运动时，可先画出等流函数线，由以上分析可知，曲线上各点的切线方向即该点的流速矢方向，且沿着流速矢方向，等流函数的高值区在右侧，即$\psi_B>\psi_A$。且流函数越紧密处，流速越大，反之越小。

3. 引入流函数的优点

(1)从(4.13)式或(4.14)式看来，同速度势的优点一样，首先减少了表征流体运动的变量。

(2)可用来表示流体体积通量。

对于不可压缩流体的平面流动，任意两点流函数之差等于通过这两点任意连线的体积流量。下面证明之(图4.1)。

在流体中任取一条有向曲线AB，顺着该有向曲线流体自右侧向左侧的通量Q：

$$Q=\int_{(A)}^{(B)}(\boldsymbol{V}\cdot\boldsymbol{n})dl \tag{4.16}$$

其中$\boldsymbol{n}$为曲线法向单位矢量，并规定其在曲线AB的左侧为正，即：

$$\boldsymbol{n}=\boldsymbol{k}\times\frac{\mathrm{d}\boldsymbol{l}}{\mathrm{d}l},\mathrm{d}\boldsymbol{l}=\boldsymbol{i}\mathrm{d}x+\boldsymbol{j}\mathrm{d}y \tag{4.17}$$

引用流函数的定义(4.13)式，即有 $\boldsymbol{V}=-\frac{\partial\psi}{\partial y}\boldsymbol{i}+\frac{\partial\psi}{\partial x}\boldsymbol{j}$，并考虑

$$\boldsymbol{n}=\boldsymbol{k}\times\frac{\mathrm{d}\boldsymbol{l}}{\mathrm{d}l}=(-\mathrm{d}y\boldsymbol{i}+\mathrm{d}x\boldsymbol{j})/\mathrm{d}l \tag{4.18}$$

则有：

$$\boldsymbol{V}\cdot\boldsymbol{n}=\left(\frac{\partial\psi}{\partial y}\mathrm{d}y+\frac{\partial\psi}{\partial x}\mathrm{d}x\right)\Big/\mathrm{d}l \tag{4.19}$$

代入(4.16)式有：

$$Q=\int_{(A)}^{(B)}\left(\frac{\partial\psi}{\partial y}\mathrm{d}y+\frac{\partial\psi}{\partial x}\mathrm{d}x\right)=\int_{(A)}^{(B)}\mathrm{d}\psi=\psi(B)-\psi(A) \tag{4.20}$$

上式表明，经过以 A 和 B 为端点的任何曲线的流体通量，决定于该两点的流函数差，而与曲线的长度和形状无关。

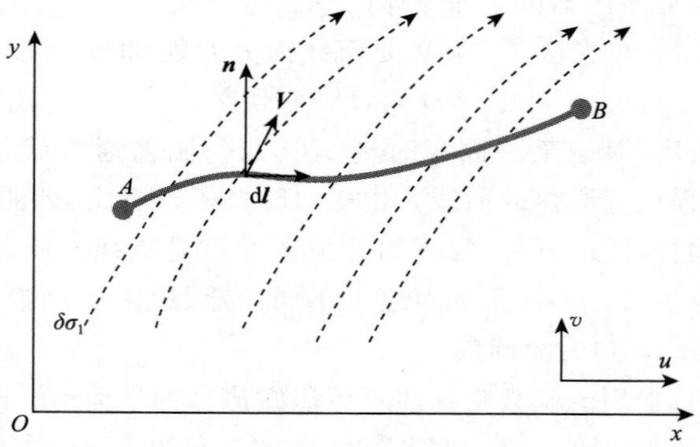

图 4.1　通过 AB 曲线的体积通量

(3)可用来表征流体涡度。

在平面运动中，流体的涡度与平面垂直，且涡度的定义为：

$$\zeta_z=\left(\frac{\partial v}{\partial x}-\frac{\partial u}{\partial y}\right) \tag{4.21}$$

将(4.13)式代入(4.21)式，可得到用流函数来表示的涡度表达式：

$$\frac{\partial^2\psi}{\partial x^2}+\frac{\partial^2\psi}{\partial y^2}=\zeta_z \tag{4.22}$$

可见，对流函数取二维拉普拉斯运算即可得到流体的涡度。

4. 流函数的求解

(1)已知涡度 ζ_z，直接求解泊松(Poisson)方程(4.22)即得流函数 ψ。

(2)已知速度场 u,v,先利用(4.21)式求出涡度,然后求解泊松方程(4.22)。

(3)(4.13)式建立了流函数和速度 u,v 之间的关系。设 ψ 已知,由(4.13)式可求出 u,v;反之,若 u,v 已知,积分(4.12)式可得:

$$\psi = \int v\mathrm{d}x - u\mathrm{d}y \tag{4.23}$$

也可求得流函数 ψ。

一般说来,对于三维流动很难从理论上积分求得其相应的流函数,故本书不予讨论。

4.2.3 一般平面(二维)流动

一般平面流动,既不满足无旋条件:

$$\zeta_z = \left(\frac{\partial v}{\partial x} - \frac{\partial u}{\partial y}\right) \neq 0 \tag{4.24}$$

也不满足无辐散条件:

$$D = \left(\frac{\partial u}{\partial x} + \frac{\partial v}{\partial y}\right) \neq 0 \tag{4.25}$$

即流动是有旋有辐散的。此时,其涡度和散度如上均不为零,我们可以认为流速矢 $\boldsymbol{V}$ 既含有产生涡旋的部分 $\boldsymbol{V}_\psi$(无辐散),也含有引起散度的部分 $\boldsymbol{V}_\varphi$(无旋),并把 $\boldsymbol{V}_\psi$ 称做无辐散涡旋流,把 $\boldsymbol{V}_\varphi$ 称做无旋辐散流。所以,平面流速矢 $\boldsymbol{V}$ 总可视作 $\boldsymbol{V}_\psi$ 和 $\boldsymbol{V}_\varphi$ 两部分流速组成的,即满足:

$$\boldsymbol{V} = \boldsymbol{V}_\psi + \boldsymbol{V}_\varphi \tag{4.26}$$

其中

$$\begin{cases} \nabla \times \boldsymbol{V}_\psi = \nabla \times \boldsymbol{V} \quad \nabla \cdot \boldsymbol{V}_\psi = 0 \\ \nabla \times \boldsymbol{V}_\varphi = 0 \quad \nabla \cdot \boldsymbol{V}_\varphi \neq 0 \end{cases} \tag{4.27}$$

上式中均取 $\nabla = \dfrac{\partial}{\partial x}\boldsymbol{i} + \dfrac{\partial}{\partial y}\boldsymbol{j}$ 为二维矢量微分算符。(4.27)式说明两个问题:其一,涡度实际上是流场中无辐散涡旋流 $\boldsymbol{V}_\psi$ 引起的,散度实际上是流场中无旋辐散流 $\boldsymbol{V}_\varphi$ 引起的。其二,虽然流速矢 $\boldsymbol{V}$ 既不能引入速度势函数,也不能引入流函数,但是 $\boldsymbol{V}_\psi$ 可引入流函数 ψ,$\boldsymbol{V}_\varphi$ 可引入速度势函数 φ。这样只要我们能将流速矢 $\boldsymbol{V}$ 分解为这两部分速度,同样可以引用流函数 ψ 和速度势函数 φ 来研究流体运动。

如何从流速矢 $\boldsymbol{V}$ 求解出 $\boldsymbol{V}_\psi$ 和 $\boldsymbol{V}_\varphi$ 呢?由前述可知,符合(4.27)式的 $\boldsymbol{V}_\psi$ 和 $\boldsymbol{V}_\varphi$ 可用 ψ 和 φ 表示为:

$$\begin{cases} \boldsymbol{V}_\psi = \boldsymbol{k} \times \nabla\psi \\ \boldsymbol{V}_\varphi = -\nabla\varphi \end{cases} \tag{4.28}$$

这样只要能够想办法求出 ψ 和 φ,就可利用上式求出 $\boldsymbol{V}_\psi$ 和 $\boldsymbol{V}_\varphi$。由于

$$\begin{cases}\dfrac{\partial^2\psi}{\partial x^2}+\dfrac{\partial^2\psi}{\partial y^2}=\zeta_z\\\dfrac{\partial^2\varphi}{\partial x^2}+\dfrac{\partial^2\varphi}{\partial y^2}=-D\end{cases}\tag{4.29}$$

且

$$\begin{cases}\zeta_z=\dfrac{\partial v}{\partial x}-\dfrac{\partial u}{\partial y}\\D=\dfrac{\partial u}{\partial x}+\dfrac{\partial v}{\partial y}\end{cases}\tag{4.30}$$

因此，可先从流速矢(u,v)利用(4.30)式求出涡度ζ_z和散度D，再由(4.29)式求解两个泊松方程，就得到ψ和φ了，再代回(4.28)式，便可具体求解出$\boldsymbol{V}_\psi$和$\boldsymbol{V}_\varphi$。这样(4.26)式还可以写成：

$$\boldsymbol{V}=\boldsymbol{k}\times\nabla\psi-\nabla\varphi\tag{4.31}$$

或

$$\begin{cases}u=-\dfrac{\partial\psi}{\partial y}-\dfrac{\partial\varphi}{\partial x}\\v=\dfrac{\partial\psi}{\partial x}-\dfrac{\partial\varphi}{\partial y}\end{cases}\tag{4.32}$$

上式为大气动力学中广泛采用的重要公式。因为大气流速$\boldsymbol{V}$中的涡旋流部分$\boldsymbol{V}_\psi$和辐散流部分$\boldsymbol{V}_\varphi$，在大气动力学中的作用和重要性是不同的，所以，把大气流速分成这样两部分，对讨论问题是有显著优越性的。

4.3 环流定理

由上节讨论知，无旋运动比涡旋运动容易处理，因为前者可以引入速度势函数φ来研究问题，这在数学上有着重要的简化，当然，如果涡旋运动又是二维无辐散的，也可引入速度流函数ψ来简化研究，但是并不是所有的涡旋运动都满足这个条件。这样我们对于在什么条件下流体运动可以近似地看成是无旋运动的问题十分感兴趣，而这个问题的解决也有赖于对涡旋运动的研究。

本节以后重点讨论涡旋运动，研究涡旋究竟是怎样产生或消失的，在什么条件下无旋流动才能永远保持无旋，从而初步揭示涡旋的产生、发展和消亡的规律。

由4.1节知，涡度是表征流体涡旋特征的物理量，另外第1章中介绍涡度时也介绍了速度环流的概念。

$$\Gamma\equiv\oint_l\boldsymbol{V}\cdot\mathrm{d}\boldsymbol{l}\tag{4.33}$$

它反映了流体沿曲线$\boldsymbol{l}$运动的趋势，是标量。当$\Gamma>0$时，流体有顺$\boldsymbol{l}$运动的趋势，假

设 $\boldsymbol{l}$ 为逆时针方向，对应气旋环流；当 $\Gamma<0$ 时，流体有逆 $\boldsymbol{l}$ 运动的趋势，对应反气旋环流。而且速度环流和涡度之间有如下关系式：

$$\Gamma \equiv \oint_l \boldsymbol{V} \cdot \mathrm{d}\boldsymbol{l} = \iint_\sigma \boldsymbol{n} \cdot \nabla \times \boldsymbol{V} \mathrm{d}\sigma = \iint_\sigma \zeta_n \mathrm{d}\sigma \tag{4.34}$$

式中，ζ_n 为涡度矢 $\boldsymbol{\zeta}$ 在面元 $\mathrm{d}\sigma$ 法向 $\boldsymbol{n}$ 上的分量，其他符号说明同第 1 章。(4.34)式也称做开尔文(Kelvin)关系式，其微分形式为：

$$\zeta_n = \frac{\mathrm{d}\Gamma}{\mathrm{d}\sigma} \tag{4.35}$$

上式反映了流体涡度与速度环流之间的联系。可见，涡度从微观角度反映了流体的旋转特征，而 Γ 则是从宏观角度反映流体旋转特征的重要物理量。因此，我们既可从涡度变化的角度研究涡旋运动，也可从速度环流 Γ 变化的角度研究涡旋运动。其实在许多情况下，用速度环流来研究涡旋运动更为方便。因此在流体力学中，动力气象学中常采用它。

本节先从速度环流变化的角度来刻画涡旋运动的变化。先引入速度环流变化的基本关系式，从而推出有关速度环流变化的两个守恒定律——开尔文定理(4.3.2 节)和皮耶克尼斯定理(4.3.3 节)。

4.3.1 速度环流变化基本关系式

先介绍一下物质线的概念。所谓物质线是指始终由同一些流体质点组成的曲线，它随流体的运动而移动、变形，但组成该线的流体质点不变。这就是说原先构成闭曲线的流体质点，流动以后仍构成闭曲线，但其形状和长短可以变化。在以下定理中，讨论的就是物质线。

t 时刻，在流体中任取一封闭的物质线 $\boldsymbol{l}$，则沿 $\boldsymbol{l}$ 的速度环流为(4.33)式，要讨论速度环流的变化，即将(4.33)式对时间 t 求导数，得速度环流的变化即环流加速度 $\frac{\mathrm{d}\Gamma}{\mathrm{d}t}$。

$$\frac{\mathrm{d}\Gamma}{\mathrm{d}t} = \frac{\mathrm{d}}{\mathrm{d}t}\oint_l \boldsymbol{V} \cdot \delta\boldsymbol{l} = \oint_l \frac{\mathrm{d}\boldsymbol{V}}{\mathrm{d}t} \cdot \delta\boldsymbol{l} + \oint_l \boldsymbol{V} \cdot \frac{\mathrm{d}(\delta\boldsymbol{l})}{\mathrm{d}t} \tag{4.36}$$

上式最后一个积分的出现就是由于考虑了积分曲线为物质线所致。为了将空间变化和时间求导区别开，式中 δ 表示空间变化，d 表示时间求导。于是有：

$$\frac{\mathrm{d}(\delta\boldsymbol{l})}{\mathrm{d}t} = \delta\left(\frac{\mathrm{d}\boldsymbol{l}}{\mathrm{d}t}\right) = \delta(\boldsymbol{V}) \tag{4.37}$$

若 $\boldsymbol{V}$ 为单值函数时，则有：

$$\oint_l \boldsymbol{V} \cdot \frac{\mathrm{d}(\delta\boldsymbol{l})}{\mathrm{d}t} = \oint_l \boldsymbol{V} \cdot \delta\boldsymbol{V} = \oint_l \delta\left(\frac{V^2}{2}\right) = 0 \tag{4.38}$$

上式利用了数学定理，全微分沿闭合曲线的积分为零。可见，(4.36)式最后一项并不引起速度环流发生变化，即有：

$$\frac{\mathrm{d}\Gamma}{\mathrm{d}t} = \frac{\mathrm{d}}{\mathrm{d}t}\oint_l \boldsymbol{V}\cdot\delta\boldsymbol{l} = \oint_l \frac{\mathrm{d}\boldsymbol{V}}{\mathrm{d}t}\cdot\delta\boldsymbol{l} \tag{4.39}$$

上式最后一项称为加速度的环流。可见，环流加速度等于加速度环流。这就是环流变化的基本关系式(没有任何约束条件)。

4.3.2 开尔文(Kelvin)定理

1. 流体的正压性和斜压性

流体可分为正压流体和斜压流体两类。

对于正压流体，流体的压力 p 和密度 ρ 仅是高度的函数，即 $p=p(z)$，$\rho=\rho(z)$，也就是说密度 ρ 仅为压力 p 的函数，即：

$$\rho = f(p) \tag{4.40}$$

此时等压面、等密度面、等温面三个面相重合。

对于斜压流体，流体的密度 ρ 不仅与压力 p 有关，而且与其他参数，如温度、湿度等有关，即：

$$\rho = f(p, T, \cdots) \tag{4.41}$$

此时流体的等压面与等密度面不再重合，而是互相交叉形成力管。

2. 开尔文定理简介

上面讨论了任意条件下的环流关系式，下面来考虑特定条件下的$\frac{\mathrm{d}\Gamma}{\mathrm{d}t}$。由(4.39)式可知，引起环流变化的原因是加速度环流引起的，那么是什么引起的加速度环流呢？仔细分析上式可知，只要知道了引起加速度的原因也就知道了引起环流变化的原因。

对于理想流体，仅受质量力和压力梯度力的作用，其运动方程为欧拉方程：

$$\frac{\mathrm{d}\boldsymbol{V}}{\mathrm{d}t} = \boldsymbol{F} - \frac{1}{\rho}\nabla p \tag{4.42}$$

将(4.42)式代入(4.39)式，有：

$$\frac{\mathrm{d}\Gamma}{\mathrm{d}t} = \oint_l \frac{\mathrm{d}\boldsymbol{V}}{\mathrm{d}t}\cdot\delta\boldsymbol{l} = \oint_l \boldsymbol{F}\cdot\delta\boldsymbol{l} - \oint_l \frac{1}{\rho}\nabla p\cdot\delta\boldsymbol{l} \tag{4.43}$$

若质量力仅为有势力，则 $\boldsymbol{F}$ 可写成如下形式：

$$\boldsymbol{F} = -\nabla\Phi \tag{4.44}$$

代入(4.43)式，环流变化方程化为：

$$\frac{\mathrm{d}\Gamma}{\mathrm{d}t} = \oint_l \frac{\mathrm{d}\boldsymbol{V}}{\mathrm{d}t}\cdot\delta\boldsymbol{l} = -\oint_l \nabla\Phi\cdot\delta\boldsymbol{l} - \oint_l \frac{1}{\rho}\nabla p\cdot\delta\boldsymbol{l} = -\oint_l \delta\Phi - \oint_l \frac{1}{\rho}\delta p \tag{4.45}$$

上式右端最后一项的处理涉及 p 与 ρ 的关系。对于正压流体，$\rho=f(p)$，则有：

$$-\oint_l \frac{1}{\rho}\delta p = -\oint_l \frac{1}{f(p)}\delta p = -\oint_l \delta F(p) \tag{4.46}$$

代入(4.45)式可知：

$$\frac{\mathrm{d}\Gamma}{\mathrm{d}t} = \oint_l \frac{\mathrm{d}\mathbf{V}}{\mathrm{d}t} \cdot \delta \boldsymbol{l} = -\oint_l \delta \Phi - \oint_l \delta F(p) = 0 \tag{4.47}$$

$$或 \quad \Gamma = \text{const} \tag{4.48}$$

可见，对于理想正压流体，在有势力的作用下，速度环流不随时间变化，这就是开尔文环流定理。

3. 拉格朗日(Lagrange)定理

拉格朗日定理是开尔文定理的直接推论，又称为涡旋不生不灭定理。

拉格朗日定理可陈述如下：在质量力有势的条件下，理想、正压流体的流动中，若在某一时刻某一部分流体内没有涡旋，则在该时刻以前及以后的时间内，该部分流体内也不会有涡旋。反之，若某一时刻该部分流体内有涡旋，则在此时刻以前及以后的时间内这部分流体皆为有旋。证明如下：

取某一时刻为初始时刻，由条件知，该时刻在所考虑的那部分流体中，运动无旋，即在这部分流体中有：

$$\nabla \times \mathbf{V} = 0 \tag{4.49}$$

代入(4.34)式得到：

$$\Gamma \equiv \oint_l \mathbf{V} \cdot \mathrm{d}\boldsymbol{l} = \iint_\sigma \boldsymbol{n} \cdot \nabla \times \mathbf{V} \mathrm{d}\sigma = 0 \tag{4.50}$$

设在以前或以后任一时刻，组成上述封闭曲线 $\boldsymbol{l}$ 的流体质点组成了新的封闭曲线 $\boldsymbol{l}'$，与其相应的速度环流为：

$$\Gamma' \equiv \oint_{l'} \mathbf{V} \cdot \mathrm{d}\boldsymbol{l}' \tag{4.51}$$

由开尔文环流定理可知：

$$\Gamma' = \Gamma = 0 \tag{4.52}$$

即

$$\Gamma' \equiv \oint_{l'} \mathbf{V} \cdot \mathrm{d}\boldsymbol{l}' = \iint_{\sigma'} \boldsymbol{n}' \cdot \nabla \times \mathbf{V} \mathrm{d}\sigma' = 0 \tag{4.53}$$

由于 σ' 是任意选取的，故得：

$$\nabla \times \mathbf{V} = 0$$

于是，我们证明了以前或以后任一时刻该部分流体内永远没有涡旋。同理用反证法可以证明，若某一时刻某一部分流体中有涡旋，则这部分流体中始终有涡旋。

上述两定理说明，正压的理想流体在有势力的作用下，无旋则永远无旋，有旋则永远有旋。速度环流和涡旋不能自行产生,也不能自行消失。这是由于理想流体无黏性,不存在切应力,不能传送旋转运动;既不能使不旋转的流体微团旋转,也不能使旋转的流体微团停止旋转。这样,流场中原来有涡旋和速度环流的,将保持有涡旋和速度环流;原来没有涡旋和速度环流的,就永远没有涡旋和速度环流。流场中也会出现没有速度环流但有涡旋的情况,此时涡旋是成对出现的,每对涡旋的强度相等而旋转方向相反。

4.3.3 环流的起源

以上讨论了特定条件下速度环流的守恒定理或者约束关系。而实际上,流体运动中必定存在环流的不守恒(变化)现象,也即环流的产生和起源,这才是更普遍条件下的环流变化情况。

1. 普遍情况下的环流变化关系式

对于黏性可压缩流体,纳维—斯托克斯运动方程为:

$$\frac{\mathrm{d}\boldsymbol{V}}{\mathrm{d}t}=\boldsymbol{F}-\frac{1}{\rho}\nabla p+\upsilon\nabla^{2}\boldsymbol{V}+\frac{\upsilon}{3}\nabla(\nabla\cdot\boldsymbol{V}) \tag{4.54}$$

运用矢量运算法则,对黏性扩散项 $\upsilon\nabla^2\boldsymbol{V}$ 进行处理,将其表示为:

$$\nabla^{2}\boldsymbol{V}=(\nabla\cdot\nabla)\boldsymbol{V}=\nabla(\nabla\cdot\boldsymbol{V})-\nabla\times(\nabla\times\boldsymbol{V})=\nabla D-\nabla\times\boldsymbol{\zeta} \tag{4.55}$$

将其代入运动方程(4.54),整理后可得到:

$$\frac{\mathrm{d}\boldsymbol{V}}{\mathrm{d}t}=\boldsymbol{F}-\frac{1}{\rho}\nabla p+\upsilon\left(\frac{4}{3}\nabla D-\nabla\times\boldsymbol{\zeta}\right) \tag{4.56}$$

对上式沿闭合曲线积分,即可得到反映环流变化的方程:

$$\frac{\mathrm{d}\Gamma}{\mathrm{d}t}=\oint_{l}\frac{\mathrm{d}\boldsymbol{V}}{\mathrm{d}t}\cdot\delta\boldsymbol{l}=\oint_{l}\boldsymbol{F}\cdot\delta\boldsymbol{l}-\oint_{l}\frac{1}{\rho}\nabla p\cdot\delta\boldsymbol{l}-\upsilon\oint_{l}\nabla\times\boldsymbol{\zeta}\cdot\delta\boldsymbol{l}+\frac{4\upsilon}{3}\oint_{l}\nabla D\cdot\delta\boldsymbol{l} \tag{4.57}$$

其中最后一项可化为:

$$\frac{4\upsilon}{3}\oint_{l}\nabla D\cdot\delta\boldsymbol{l}=\frac{4\upsilon}{3}\oint_{l}\delta D=0 \tag{4.58}$$

故(4.57)式化为:

$$\frac{\mathrm{d}\Gamma}{\mathrm{d}t}=\oint_{l}\frac{\mathrm{d}\boldsymbol{V}}{\mathrm{d}t}\cdot\delta\boldsymbol{l}=\oint_{l}\boldsymbol{F}\cdot\delta\boldsymbol{l}-\oint_{l}\frac{1}{\rho}\nabla p\cdot\delta\boldsymbol{l}-\upsilon\oint_{l}\nabla\times\boldsymbol{\zeta}\cdot\delta\boldsymbol{l} \tag{4.59}$$

上式表明,速度环流的变化主要由于以下 3 项所引起:

(1)非有势力的作用[对有势力则为零,如流体所受的重力 $\boldsymbol{g}$ 就属于有势力,因为 $\boldsymbol{g}$ 可以写成 $-\nabla(gz)$]。即(4.59)式右端第一个积分,它表明非有势力作用会引起速度环流发生变化;

(2)压力—密度力或压力梯度力，即右端第二个积分。此项说明流体的斜压性会引起速度环流发生变化，这取决于等密度面或等比容面与等压面是否斜交，若斜交则会有环流的变化；

(3)黏性涡度扩散，即右端第三个积分，这说明流体的黏性和涡度的不均匀分布也可引起环流的变化。

需要说明的是，运动方程(4.54)没有考虑地转偏向力的作用，这是因为本书的前5章是针对惯性流体力学(没有考虑地球的旋转效应)来讨论的。当考虑了地球的旋转效应后，对于气象学中大规模的空气流动，必须考虑地转偏向力的作用，而地转偏向力属于非有势力，因此，地转偏向力是引起环流变化的一个重要原因。

2. 皮耶克尼斯(Bjerknes)定理

皮耶克尼斯(Bjerknes)定理可叙述如下：理想斜压流体在有势力的作用下，斜压性可引起速度环流发生变化。

对环流变化方程(4.59)作进一步讨论，当流体为理想流体时，方程(4.59)右端第三项为0，当流体所受的力仅是有势力时，右端第一项也为0，由于是斜压流体，故第二项不为0。即：

$$-\oint_l \frac{1}{\rho}\nabla p\cdot\delta\boldsymbol{l}=-\iint_\sigma \nabla\times\left(\frac{\nabla p}{\rho}\right)\cdot\delta\boldsymbol{\sigma}=-\iint_\sigma\left[\nabla\left(\frac{1}{\rho}\right)\times\nabla p+\frac{1}{\rho}\nabla\times(\nabla p)\right]\cdot\delta\boldsymbol{\sigma}$$
$$=-\iint_\sigma\left[\nabla\left(\frac{1}{\rho}\right)\times\nabla p\right]\cdot\delta\boldsymbol{\sigma}\tag{4.60}$$

上式推导过程中考虑了梯度取旋度为零，即$\frac{1}{\rho}\nabla\times(\nabla p)=0$。由此，环流变化方程(4.59)转化为：

$$\frac{\mathrm{d}\Gamma}{\mathrm{d}t}=-\iint_\sigma\left[\nabla\left(\frac{1}{\rho}\right)\times\nabla p\right]\cdot\delta\boldsymbol{\sigma}=\frac{1}{\rho^2}\iint_\sigma(\nabla\rho\times\nabla p)\cdot\delta\boldsymbol{\sigma}\tag{4.61}$$

上式即为皮耶克尼斯定理的公式表述，反映了压力—密度项(斜压性)会引起环流的变化，这取决于等密度面与等压面是否斜交。进一步作正压流体假设，则皮耶克尼斯定理退化为开尔文(Kelvin)环流定理：$\frac{\mathrm{d}\Gamma}{\mathrm{d}t}=0$。

利用皮耶克尼斯定理可以解释地球大气运动中的信风、海陆风及山谷风。

信风：考虑环绕地球的大气层，设大气是干燥的，则压力 p，密度 ρ，温度 T 以克拉珀龙方程联系起来。

$$p=\rho RT\tag{4.62}$$

其中 R 是气体常数。假定地球是圆球，大气的等压面可近似地看做与海平面平行，其次做等密度面，由于太阳照射的不均匀，同一等压面处，赤道比北极温度高，因此，沿等压面从北极向赤道温度逐渐增高，根据(4.62)式可推得沿等压面密度由北极向赤道逐渐减小。其次在同一地点，高度愈大，空气愈稀薄，即密度愈小，因此，随着高度的增加，密度将逐渐减小。从上面的讨论不难看出，等密度面将自赤道开始向上倾斜直至北极（如图 4.2 虚线所示）。这样做等密度面和等压面相交，并做等密度面和等压面的法向矢量$\nabla\rho$和∇p，因为它们都是向着ρ和p增加的方向，所以，箭头都指向地面（如图 4.2 所示）。用右手螺旋法则确定$\nabla\rho\times\nabla p$的方向，于是产生了如图 4.2 所示的附加环流。易得，近地面层的空气从北极向赤道流动，在赤道处上升，高空则由赤道向北极流动，在北极下沉。这一环流就是信风环流，也就是近地面有自北向南的信风，而高空则相反，出现由南向北的反信风。

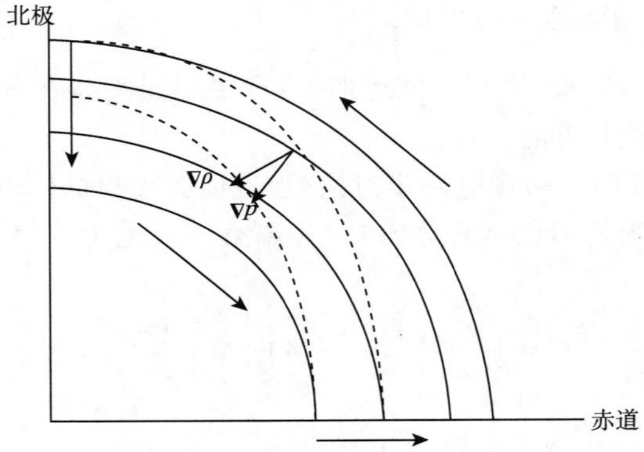

图 4.2　信风的形成

上面分析的信风没有考虑地球的旋转效应，事实上，对于信风这样大规模的空气运动必须考虑地转偏向力这个非有势力的作用。学了第 6 章后，我们就会知道地转偏向力会使流体运动向其运动方向的右侧偏转。这样把地转偏向力这个重要因素考虑进来，实际的信风则是在北半球近地面层有自东北向西南吹的信风，同理在高空则有自西南向东北吹的信风。

海陆风：同样的分析方法，等压面近似与海平面平行，在太阳同样照射下，由于海洋的升温较陆地为小，等密度面将自陆地开始向上倾斜直至海洋，即向海洋翘起，画出$\nabla\rho$和∇p的方向，右手螺旋法则即定出白天近地面出现海风，晚间则相反，出现陆风。

山谷风：白天山坡向阳受热大，等密度面向谷地翘起，出现谷风，而晚上则相反，出现山风。

可见，信风、海陆风和山谷风环流的形成主要是大气的斜压性引起的，当然信风的形成还与非有势力——地转偏向力密切相关。

环流定理一节的主要意义在于：它把环流概念引入了运动方程，它是由运动方程导出的关系，它的形式简单，且其中的一些量较易直接量度。环流定理给出了环流随时间变化的规律。它的研究对象是组成封闭流体线的一群流体质点。大气动力学中有许多问题，如果以个别流体质点作为研究对象，将使问题的处理十分困难，若以一群大气质点作为研究对象，问题往往便于处理。例如，大气中的一些运动系统如台风、气旋、反气旋等问题的研究，常将这些系统看做一个整体来处理，在这些问题的研究中环流定理有着广泛的应用。综合这一节的知识可知，只有在理想、正压、质量力有势三个条件同时满足的前提下，环流和涡旋才是守恒的。因此，流体的黏性、斜压性以及非有势力的存在就成为流体中涡旋产生、发展或消亡的三大因素。只要这三个因素中有一个存在，流体中涡旋就会发生变化。

4.4　涡度方程

速度环流是描述流体涡旋运动的间接物理量，而涡度则是描述涡旋运动的直接物理量。本节将直接从涡度变化的角度来研究涡旋运动。对运动方程两边取旋度运算可得涡度方程。

对于黏性流体运动，则纳维—斯托克斯运动方程为：

$$\frac{\mathrm{d}\boldsymbol{V}}{\mathrm{d}t}=\frac{\partial \boldsymbol{V}}{\partial t}+(\boldsymbol{V}\cdot\boldsymbol{\nabla})\boldsymbol{V}=-\frac{1}{\rho}\boldsymbol{\nabla} p+\boldsymbol{g}+\frac{\upsilon}{3}\boldsymbol{\nabla}(\boldsymbol{\nabla}\cdot\boldsymbol{V})+\upsilon\nabla^2\boldsymbol{V} \tag{4.63}$$

上式中已将质量力取为重力。它描述了流动状态演变的规律。正如(4.1)式所示对流速矢 $\boldsymbol{V}$ 取旋度以后可得到涡度矢 $\boldsymbol{\zeta}$ 一样，对(4.63)式取旋度以后，可得到刻画流体涡旋特征变化的方程即涡度方程。为此，先把(4.63)式左端平流变化项改写如下：

$$(\boldsymbol{V}\cdot\boldsymbol{\nabla})\boldsymbol{V}=\boldsymbol{\nabla}\left(\frac{V^2}{2}\right)-\boldsymbol{V}\times(\boldsymbol{\nabla}\times\boldsymbol{V}) \tag{4.64}$$

式中 $V=|\boldsymbol{V}|$ 为流速矢的模。把(4.64)式代回(4.63)式，有：

$$\frac{\partial \boldsymbol{V}}{\partial t}+\boldsymbol{\nabla}\left(\frac{V^2}{2}\right)-\boldsymbol{V}\times\boldsymbol{\zeta}=-\frac{1}{\rho}\boldsymbol{\nabla} p+\boldsymbol{g}+\frac{\upsilon}{3}\boldsymbol{\nabla}(\boldsymbol{\nabla}\cdot\boldsymbol{V})+\upsilon\nabla^2\boldsymbol{V} \tag{4.65}$$

式中已取涡度矢 $\boldsymbol{\zeta}=\boldsymbol{\nabla}\times\boldsymbol{V}$。对上方程各项取旋度，注意其中右端第二项可写为 $\boldsymbol{g}=-\boldsymbol{\nabla}(gz)$，并考虑到任一物理量的梯度再取旋度为0的事实，可得：

$$\frac{\partial \boldsymbol{\zeta}}{\partial t}+(\boldsymbol{V}\cdot\boldsymbol{\nabla})\boldsymbol{\zeta}-(\boldsymbol{\zeta}\cdot\boldsymbol{\nabla})\boldsymbol{V}+\boldsymbol{\zeta}(\boldsymbol{\nabla}\cdot\boldsymbol{V})=\frac{1}{\rho^2}\boldsymbol{\nabla}\rho\times\boldsymbol{\nabla} p+\upsilon\nabla^2\boldsymbol{\zeta} \tag{4.66}$$

在推得上式过程中，利用了矢量公式：

$$\boldsymbol{\nabla}\times(\boldsymbol{V}\times\boldsymbol{\zeta})=(\boldsymbol{\zeta}\cdot\boldsymbol{\nabla})\boldsymbol{V}-(\boldsymbol{\nabla}\cdot\boldsymbol{V})\boldsymbol{\zeta}-(\boldsymbol{V}\cdot\boldsymbol{\nabla})\boldsymbol{\zeta}+(\boldsymbol{\nabla}\cdot\boldsymbol{\zeta})\boldsymbol{V} \tag{4.67}$$

而 $\boldsymbol{\nabla}\cdot\boldsymbol{\zeta}\equiv 0$。最终(4.66)式也可改写为：

$$\frac{\mathrm{d}\boldsymbol{\zeta}}{\mathrm{d}t}=\frac{1}{\rho^2}\boldsymbol{\nabla}\rho\times\boldsymbol{\nabla} p-\boldsymbol{\zeta}(\boldsymbol{\nabla}\cdot\boldsymbol{V})+(\boldsymbol{\zeta}\cdot\boldsymbol{\nabla})\boldsymbol{V}+\upsilon\nabla^2\boldsymbol{\zeta} \tag{4.68}$$

此式就是涡度方程，或者称之为弗里德曼—亥姆霍兹(Fredman-Helmholtz)方程。

它是讨论研究涡旋动力学的基本方程。方程右端四项表明了流体质点在运动过程中其涡度矢变化的原因。

其中右端第一项相当于(4.61)式的右端项，即压力—密度力可引起流体涡度矢的变化，又称力管项或斜压作用项。因为斜压流体中等密度面与等压面不相重合而斜交，故有$\nabla\rho\times\nabla p\neq0$。此外，当等密度面与等压面相斜交时，以两相邻等密度面与相邻等压面为周界，可以构成一条管道，并称为力管。对于正压流体，等密度面与等压面相重合$\nabla\rho\times\nabla p\equiv0$，同时也不可能有力管。因此，表示式$\nabla\rho\times\nabla p\neq0$的物理实质是流体的斜压性，用等密度面和等压面的几何图像来表示就是两者相斜交而存在着力管。

右端第二项$-\boldsymbol{\zeta}(\nabla\cdot\boldsymbol{V})$称做散度项，它表明流体质点在流动过程中其体积的收缩($\nabla\cdot\boldsymbol{V}<0$)或膨胀($\nabla\cdot\boldsymbol{V}>0$)，将会使原有的涡度矢($\boldsymbol{\zeta}\neq0$)引起变化($\frac{\mathrm{d}\boldsymbol{\zeta}}{\mathrm{d}t}\neq0$)。具体分析如下：

当流体质点的涡度为正($\boldsymbol{\zeta}>0$)，即在气旋式旋转时，若其体积收缩($\nabla\cdot\boldsymbol{V}<0$)，则有$-\boldsymbol{\zeta}(\nabla\cdot\boldsymbol{V})>0$。根据(4.68)式，在方程右端其他三项不变的前提下，有$\frac{\mathrm{d}\boldsymbol{\zeta}}{\mathrm{d}t}>0$，即有气旋式涡度增加，旋转加快；反之，若体积膨胀则旋转减慢。当流体质点的涡度为负($\boldsymbol{\zeta}<0$)，即在反气旋式旋转时，若其体积收缩($\nabla\cdot\boldsymbol{V}<0$)，则有$-\boldsymbol{\zeta}(\nabla\cdot\boldsymbol{V})<0$。同理分析得$\frac{\mathrm{d}\boldsymbol{\zeta}}{\mathrm{d}t}<0$，即反气旋式涡度增加，旋转依然加快。可见，无论是气旋式涡度还是反气旋式涡度，只要体积收缩，就会使其加速旋转，体积膨胀就会使其旋转减慢。

实际上这和固体转动时在角动量守恒的条件下由于转动惯量的改变所引起的角速度变化相类似，如在日常生活中，人们经常看到如图 4.3 所示的花样溜冰，当表演者收缩其伸展的手脚时，将加速旋转。

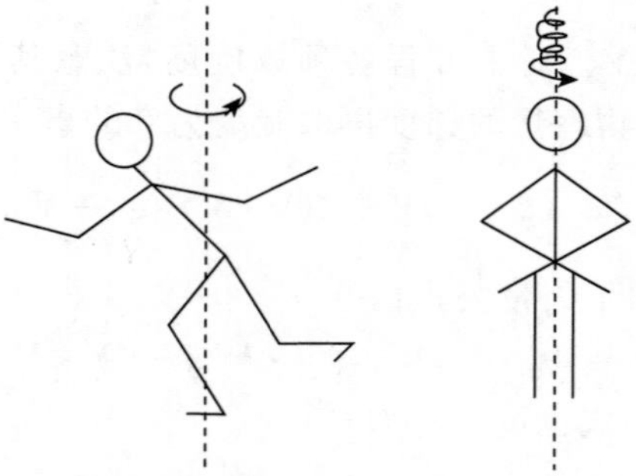

图 4.3　收缩手足时加速旋转

右端第三项$(\boldsymbol{\zeta}\cdot\nabla)\boldsymbol{V}$称做扭曲项，它表明流场的非均匀性会引起涡度矢发生改变($\frac{\mathrm{d}\boldsymbol{\zeta}}{\mathrm{d}t}\neq 0$)。可取其 y 向分量的一部分 $\zeta_z\frac{\partial v}{\partial z}$予以说明，假设原来涡度只有垂直分量$\zeta_z>0$，这种涡度垂直分量如用涡线表示（涡线即某一时刻处于其上的流体质点的旋转轴），则该涡线是与 z 轴平行的直线。当涡线上的流速沿 z 向分布不均匀，即具有$\frac{\partial v}{\partial z}\neq 0$ 的特征时（图 4.4），原先的直线型涡线将会发生扭曲，而变为曲线型的涡线。与此种曲线型的涡线相对应的涡度场，不仅具有垂直分量的涡度 $\zeta_z\neq 0$，而且将新产生 y 方向的涡度分量ζ_y。仔细分析可知，扭曲项并没有改变涡旋的强度，只是使涡度矢在三个方向重新分配而已。

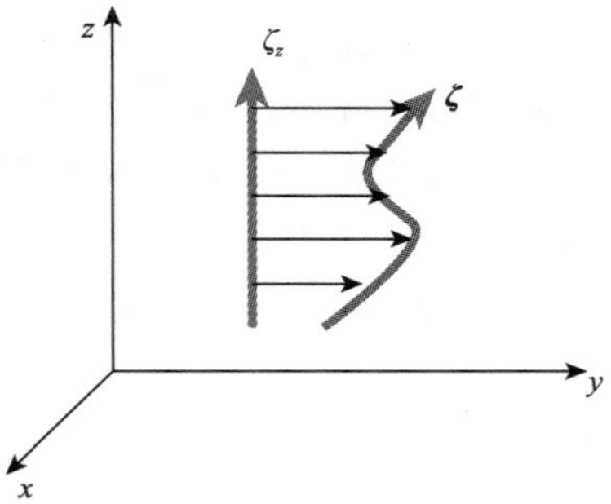

图 4.4　涡线的扭曲

右端第四项$\upsilon\nabla^2\boldsymbol{\zeta}$称为黏性扩散项，它表明流体的黏性($\upsilon\neq 0$)以及涡度的不均匀分布($\nabla^2\boldsymbol{\zeta}\neq 0$)会引起涡度矢发生变化。为理解这一项的物理意义，突出该项，暂不考虑(4.68)式右端的其他项以及左端的涡度平流项$(\boldsymbol{V}\cdot\nabla)\boldsymbol{\zeta}$，于是有

$$\frac{\partial\boldsymbol{\zeta}}{\partial t}=\upsilon\nabla^2\boldsymbol{\zeta}\tag{4.69}$$

为简单起见，假设仅有垂直涡度 ζ_z 存在，则上方程简化为：

$$\frac{\partial\zeta_z}{\partial t}=\upsilon\nabla^2\zeta_z\tag{4.70}$$

在流体内任取一点 M，设 M 点的涡度 ζ_z 比周围都大，根据所学高等数学知识有

$$(\nabla^2\zeta_z)_M<0\tag{4.71}$$

于是，根据(4.70)式有：

$$\left(\frac{\partial\zeta_z}{\partial t}\right)_M<0\tag{4.72}$$

此式说明下一时刻 M 点的涡度将减小。反之，若 M 点的涡度 ζ_z 比周围都小，则下一时刻 M 点的涡度将增加。

黏性扩散项说明，由于黏性的作用，涡旋强的地方将向涡旋弱的地方输送涡旋，直至涡旋强度相等为止。即出现了涡旋扩散现象，它使涡度矢的分布趋于均匀化。

涡度方程(4.68)没有考虑非有势力的作用，实际上非有势力也是引起涡度矢发生变化的重要原因，比如气象学中，地转偏向力对气旋、反气旋的发展演变起着很重要的作用。

总起来说，涡度方程(4.68)右端若加上非有势力——地转偏向力的作用，就等价于普遍情况下的环流变化关系式(4.59)，地转偏向力的作用项正好对应(4.59)式右

端的第一项。(4.68)式的右端第一项对应(4.59)的右端第二项,(4.68)式的右端最后一项对应(4.59)式的右端第三项。这样(4.68)式似乎多出来两项,实际上(4.68)式的第二、三项,对个别流体质点可引起涡度的变化,但对于整体而言,这两项不起作用。因为流体中出现辐散区必相伴有辐合区,所以,在整个流体中,散度项只是使流体涡度重新分布,个别流体质点涡度有变化而其整体仍维持不变,所以,在(4.59)式中作为流体边界性质而不出现该项。同样,扭曲项也只是使涡旋各分量重新分布,不影响整个流体的涡度量,在(4.59)式也没有该量。比较这两个方程以后可知,真正直接产生流体质点涡度矢的主要有流体的斜压性、非有势力和流体的黏性。

4.5 小结与例题

4.5.1 小结

本章首先介绍了流体有旋和无旋运动的概念。此后,引入了速度势函数和流函数,探讨了它们存在的条件、物理含义、引入的优点及求解的过程。并介绍了一般平面(二维)流体运动可分解成两部分,一部分可用流函数表征,另一部分可用速度势函数表征。随后,介绍了描述流体旋转的两个物理量——速度环流和涡度,并结合方程推导和实例应用,介绍了两个重要定理——环流定理和涡度方程,环流定理给出了速度环流的起源,涡度方程介绍了流体涡度变化的原因。

4.5.2 例题

例 4.1 平面不可压缩流体流场的流函数 $\psi=ax^2-ay^2$,请判断:

(1)流动是无旋还是有旋?

(2)若无旋,确定流动的速度势函数。

解:(1)要判断有旋还是无旋,必须先求出涡度场。对于平面运动,其涡度只有垂直分量:

$$\zeta_z=\left(\frac{\partial v}{\partial x}-\frac{\partial u}{\partial y}\right)$$

当 $\zeta_z\neq 0$ 时,有旋,否则无旋。为了算出 ζ_z,必须先求出 u,v。由 u,v 与流函数 ψ 的关系式知:

$$u=-\frac{\partial\psi}{\partial y}=-\frac{\partial(ax^2-ay^2)}{\partial y}=2ay$$

$$v=\frac{\partial\psi}{\partial x}=\frac{\partial(ax^2-ay^2)}{\partial x}=2ax$$

代入 ζ_z 得到:

$$\zeta_z=\left(\frac{\partial v}{\partial x}-\frac{\partial u}{\partial y}\right)=2a-2a=0$$

故流动是无旋的。

(2)因为无旋，所以可以引入速度势函数 φ，且其与流速的关系为：

$$u=-\frac{\partial\varphi}{\partial x}\qquad v=-\frac{\partial\varphi}{\partial y}$$

对第一个式子积分得 $\varphi=-2axy+f(y)$，此式对 y 求导有 $v=-\frac{\partial\varphi}{\partial y}=2ax-\frac{\partial f(y)}{\partial y}=2ax$，继续推得$\frac{\partial f(y)}{\partial y}=0$，故有 $f(y)=c$ 代入前面的 φ 中，即得到所求：

$$\varphi=-2axy+c。$$

例 4.2 已知流体做无旋运动，对应的等势函数线分布如下图所示（其中 $\varphi_0<\varphi_1<\varphi_2$），请判断并在图中标出 A、B 两处流体速度的方向，并比较 A、B 两处流速的大小。

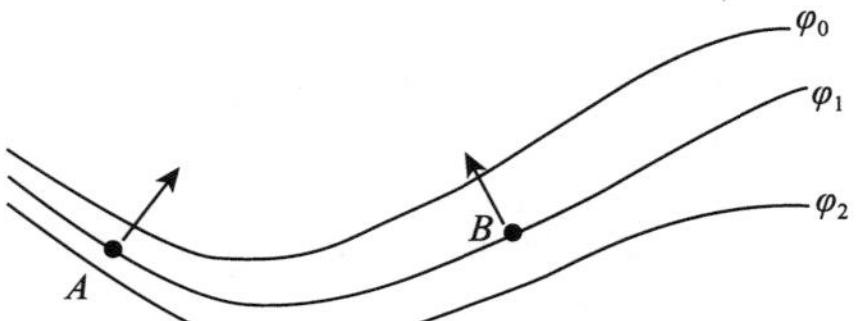

解：根据流速垂直于等势线，并从高值区指向低值区，可在图上画出 A、B 两处流速的方向。等势线越密的地方流速越大，故 $V_A>V_B$。

例 4.3 设有一强度为 Γ 的点涡位于 O 点，而除 O 点之外流体是无旋的，试求沿下图所示路径之速度环流。

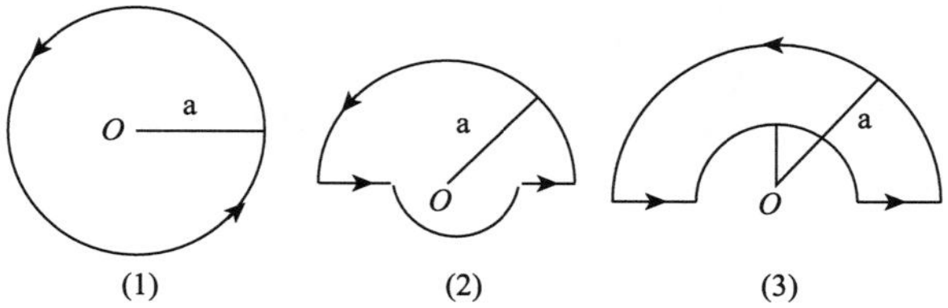

解：由于点涡的强度就是该点的涡度值，据题意，除 O 点外，流体质点是无旋的，考虑到环流的方向，很容易看出：

(1) $\oint_l \boldsymbol{V}\cdot\mathrm{d}\boldsymbol{l}=\Gamma$（逆时针环流）

(2) $\oint_l \boldsymbol{V}\cdot\mathrm{d}\boldsymbol{l}=-\Gamma$（顺时针环流）

(3) $\oint_l \boldsymbol{V}\cdot\mathrm{d}\boldsymbol{l}=0$（不含点涡）

例 4.4 若流体是理想不可压缩的，且在有势力的作用下，试说明下列运动是有旋还是无旋？

(1)无穷远处有一切变流流过一静止物体；

(2)无穷远处均匀来流绕一旋转的圆柱体的流动。

解：因为流体是不可压缩的，故其密度等于常数。因此，此流体可看成正压流体。根据拉格朗日定理可知，正压的理想流体在有势力作用下，无旋则永远无旋，有旋则永远有旋。因此，分析如下：

(1)由于无穷远处为一切变流，显然，这是涡旋流动。因此，当其流过一静止物体时，仍将保持涡度，作有旋运动。

(2)无穷远均匀来流是无旋运动，因此，其流点不可能得到涡度。即使是绕一旋转的圆柱体的流动，仍然是无旋的。

例 4.5 平面流动的流线方程为$\frac{\mathrm{d}x}{u}=\frac{\mathrm{d}y}{v}$；由流函数全微分 $\mathrm{d}\psi=v\mathrm{d}x-u\mathrm{d}y$；当取$\psi$为常值时，也可以得到$\frac{\mathrm{d}x}{u}=\frac{\mathrm{d}y}{v}$。试问两式是否等价？请说明理由。

解：不等价。其差别在于是否要满足二维无辐散的条件上。第一个$\frac{\mathrm{d}x}{u}=\frac{\mathrm{d}y}{v}$是从流线定义推得的，并不受二维无辐散条件的限制。第二个$\frac{\mathrm{d}x}{u}=\frac{\mathrm{d}y}{v}$是从引入了流函数$\psi$后才推得的，而引入流函数的条件是二维无辐散。

习题 4

习题 4.1 已知二维流速场为：

(1)$\begin{cases}u=ax+by\\v=cx+dy\end{cases}$

(2)$\begin{cases}u=(2a+x)y\\v=b(x^2+y^2)\end{cases}$

分别求流体运动满足无旋的条件。

习题 4.2 请问是否存在既满足无辐散条件又满足无旋条件的流动？如存在，请举例说明。

习题 4.3 请证明无辐散的平面无旋流动：

(1)流函数和势函数都是调和函数(满足二维拉普拉斯方程)；

(2)等势函数线和等流函数线正交。

习题 4.4 下列流场是有旋还是无旋？(其中 k 是常数)

(1)$u=k \quad v=w=0$

(2)$u=\dfrac{kx}{x^2+y^2} \quad v=\dfrac{ky}{x^2+y^2} \quad w=0$

(3)$u=y+z \quad v=z+x \quad w=x+y$

习题 4.5　已知速度场为 $u=-2y, v=-2x$，求出势函数并画出等势线。

习题 4.6　试利用皮耶克尼斯(Bjerknes)定理说明山谷风的形成及其白天与黑夜的风向。

习题 4.7　试证明不可压黏性流体在有势力作用下做直线运动时，其涡度方程可简化为扩散方程$\dfrac{\partial \zeta_y}{\partial t}=\upsilon \nabla^2 \zeta_y$ 和$\dfrac{\partial \zeta_z}{\partial t}=\upsilon \nabla^2 \zeta_z$。

习题 4.8　试证明在理想、正压、质量力有势的条件下，由静止开始起动的流体运动一定是无旋运动。

第5章　流体波动

根据第4章所述，由于流体的斜压性、黏性及地球自转所产生的“旋转效应”带来的地转偏向力的作用使得自然界的流体一般呈现涡旋运动。同样由于旋转效应、可压缩性及重力等原因，使得在地球上运动的流体又常常呈现出波动运动。波动是流体运动的另一种重要形式，尤其是在地球物理流体力学和大气动力学中的一种最为重要的流体运动形式。

从物理学角度来说，流体的波动是流体微团由于受力的作用，偏离平衡位置，并围绕某个平衡位置产生振动，振动在空间的传播而形成的。可见，波动的主要特征是扰动（包含各种物理量的扰动，如自由面高度、速度、压力等）在空间的传播，且这种扰动的传播具有在时间、空间上的双重周期性。举例来说，当平静的水面受扰动以后，由于重力作用产生水平压力梯度力，使扰动向四周传播开来形成水面波；大气是可压缩的，空气受扰后会发生弹性振动，弹性振动在介质中传播便形成了声波；稳定层结大气中，空气受扰后将作浮力振荡，浮力振荡的传播形成了重力内波；另外，在天气图上我们还经常可以见到对流层中上层气压场或流场也呈现波动的形式，这种波动主要是由于地球的旋转效应所造成的。

以上叙述的大气中的基本波动在性质上有很大差异，对天气的影响也不完全一样。例如，大气声波对天气变化几乎没有任何影响；旋转大气中的重力内波，对大范围天气影响不大，但中尺度飑线、山地背风波等都与它的活动有关；至于天气图上呈现的波动则与大范围的天气演变联系在一起。因此，波动问题在气象科学中具有十分重要的地位。

本章介绍有关波动的基本概念，并以简单而具代表性的重力表面波和界面波为例，对流体波动进行详细的讨论，理解流体波动的基本概念，掌握一般波动方程的建立和求解方法。

5.1　波动的基本概念

5.1.1　波动的数学模型

为了形象而方便地说明流体波动的概念，我们以一维水面波（图5.1）为例来说明这个问题。水面平静时，其水深或水面高度 H 为常数。当水面受到干扰后，它就不再平静，而要发生起伏不平的变化。或者说，水面高度 h 随空间位置 x 和时间 t 而变化，h 是 x 和 t 的函数，即：

$$h(x,t) = H + h'(x,t) \tag{5.1}$$

式中 $h'(x,t)$ 为水面扰动高度，或者是相对于平静水面的高度偏差，可正可负。上式中扰动高度 $h'(x,t)$ 就是一个波动函数，那么怎样用数学模型把它表示出来呢？

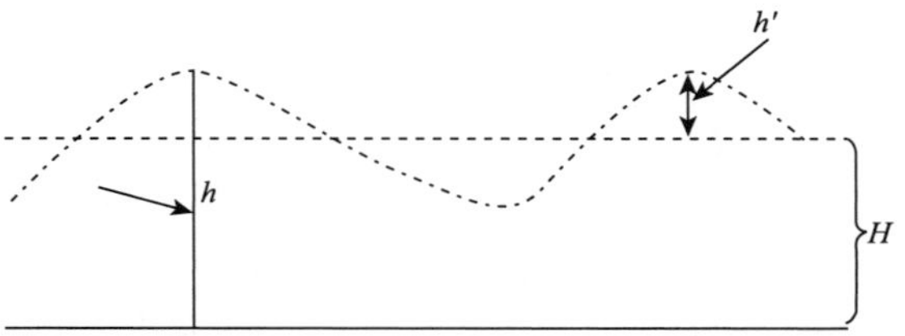

图 5.1　水面重力波示意图

简谐振动是最简单的振动，弹性振动、单摆等都是简谐振动的例子。物体作简谐振动时，其振动方程为：

$$\frac{\mathrm{d}^2 y}{\mathrm{d}t^2} + \omega^2 y = 0 \tag{5.2}$$

其中 y 为质点偏离平衡位置的位移，ω 为振动的圆频率，方程(5.2)的解为：

$$y = A\cos(\omega t - \varphi) \tag{5.3}$$

可见，简谐振动可用简单的周期函数(三角函数)来表示。其中 A,ω,φ 是决定振动特性的参数。A 是振幅，φ 是初位相。

简谐振动在空间传播所形成的波动称为简谐波。类似地简谐波也可用三角函数来表示。如一维简谐波可表示为：

$$y = A\cos(kx - \omega t + \varphi) \tag{5.4}$$

这是波动最简单的数学模型。对于某一固定时刻 t，(5.4)式给出的是该时刻波的廓线(即不同质点同一时刻的分布图像)。对于某一固定点 x，(5.4)式表示该点在作简谐振动。这样，一维水面波的扰动高度 $h'(x,t)$ 也可表示成(5.4)式的波动形式，即：

$$h'(x,t) = A\cos(kx - \omega t + \varphi_1) = A\sin(kx - \omega t + \varphi_2) \tag{5.5}$$

事实上，任何一个表征介质运动状态和热力状态的物理量场，只要它围绕“平衡状态”作“振动”，并且该物理量场在空间和时间上呈周期变化，就都可以统称为波。且该物理量的一维简谐波均可类似地表示成(5.4)式波动的形式。

上面的分析将波动函数表示成单频的简谐波，但是，实际扰动不是纯粹的简谐波，而是由许多不同频率及不同振幅的简谐波叠加组成。这样(5.4)式表示的波动函数是否就失去了代表性呢？答案是否定的，因为虽然实际扰动由许多谐波组成，但往往只有几个谐波分量是主要的，而且这些谐波的频率、振幅虽有差异，但其动力学性质却往往一样，因此，如果只想得到定性的结果，分析一个典型的谐波分量也就足够了。

根据波动与振动的密切关系，将波动可以划分为两类：若流体质点振动方向与波传播方向一致则称为纵波，若振动方向与波传播方向垂直则称为横波。例如，声波就属于纵波，水面波就属于横波。

5.1.2 波参数

由上面的分析知，一维简谐波动函数可用形如(5.4)式的三角函数来表示。其中A,k,ω和φ是波参数，它们决定了波动的特性。因此，要想对波动的特征有详细的了解，必须先了解这些波参数的含义。下面介绍一些波参数的概念及它们的求解公式。

(1)振幅A：质点偏离平衡位置的最大距离(位移)，或物理量距平衡状态的最大距离。

(2)周期T：完成一次全振动所需要时间，或波向前传播一个波长距离所需时间。

(3)频率f：单位时间内完成全振动的次数，与周期互为倒数：$T=1/f$。

(4)波长L：波动在一个周期中传播的距离，或固定时刻相邻的两同位相质点间的距离。

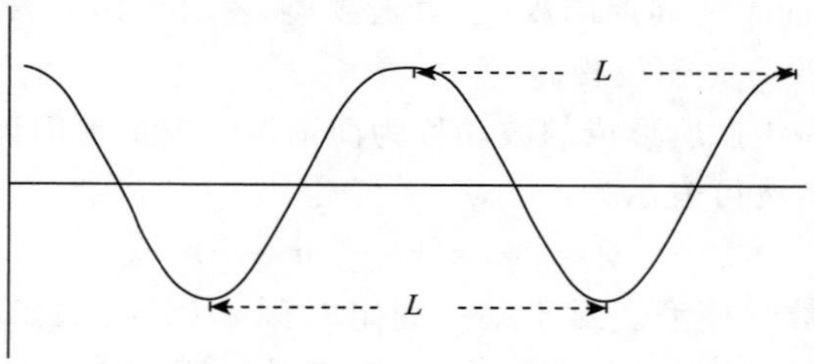

图 5.2　简谐波的波长

(5)位相θ：表示流体波动状态的物理量。$\theta=kx-\omega t+\varphi$，$\varphi$称为初位相。若$A$为常数，则同位相(位相差$2\pi$的整数倍)的点具有相同的状态。位相随$x$和$t$而异。位相相等的各点所构成的面叫做等位相面(也叫波面或波阵面)。等位相面满足：

$$\theta = kx - \omega t + \varphi = \text{常数} \tag{5.6}$$

若等位相面是平面的，称为平面波；等位相面是球面的，称为球面波。(5.6)式所描述的等位相面是平面，故(5.4)式所描述的波为平面波。

(6)波数k：以相角2π表示的单位距离内含有波长为L的波的数目。由于相邻两同位相质点的位相相差 2π，故由图(5.2)有：

$$kx-\omega t+\varphi+2\pi=k(x+L)-\omega t+\varphi \Rightarrow kL=2\pi \Rightarrow k=\frac{2\pi}{L} \tag{5.7}$$

(7)圆频率 ω：以相角 2π 表示的单位时间内振动的次数。

$$\omega=\frac{2\pi}{T} \tag{5.8}$$

(8)相速 c：等位相面(波面)的传播速度，也即波的传播速度。由等位相面方程(5.6)式可求得：

$$\left(\frac{\mathrm{d}x}{\mathrm{d}t}\right)_{\theta=\text{常数}}=\frac{\omega}{k}=c \tag{5.9}$$

波参数是表征波动的重要参数。因此，研究波动主要在于求解各种表征波动的参数及其形成机制。

5.1.3 二维、三维波动

一维简谐波的等位相面是垂直于 x 轴的平面，所以，又称它为一维平面波。我们极易把平面波概念推广到二维、三维情形。即可以把二维、三维平面波表示为如下的形式：

$$S_{\text{二维}}=A\cos(k_x x+k_y y-\omega t) \tag{5.10}$$

$$S_{\text{三维}}=A\cos(k_x x+k_y y+k_z z-\omega t) \tag{5.11}$$

式中，k_x,k_y,k_z 分别称为 x,y,z 三个方向的波数。

以三维为例，位相 θ 的普遍形式为：

$$\theta=k_x x+k_y y+k_z z-\omega t=\theta(x,y,z,t) \tag{5.12}$$

称为三维平面波的位相。它是 x,y,z 的线性函数，故其等位相面也是一个平面。由(5.12)式得：

$$\omega=-\frac{\partial\theta}{\partial t},k_x=\frac{\partial\theta}{\partial x},k_y=\frac{\partial\theta}{\partial y},k_z=\frac{\partial\theta}{\partial z} \tag{5.13}$$

这是关于圆频率和波数的另一种表达式。

定义总波数矢量为：

$$\boldsymbol{K}=k_x\boldsymbol{i}+k_y\boldsymbol{j}+k_z\boldsymbol{k} \tag{5.14}$$

结合(5.13)式，有：

$$\boldsymbol{K}=\nabla\theta \tag{5.15}$$

可见，波数矢量垂直于等位相面，即为等位相面法线方向。等位相面沿其法线方向在单位时间内移动的距离，称为三维平面波的相速 $\boldsymbol{C}$。

欲求相速 $\boldsymbol{C}$，则先定义波数矢量的模，称为全波数：

$$K=|\boldsymbol{K}|=\sqrt{k_x^2+k_y^2+k_z^2} \tag{5.16}$$

另定义空间位置矢量：

$$\boldsymbol{r} = x\boldsymbol{i} + y\boldsymbol{j} + z\boldsymbol{k} \tag{5.17}$$

则(5.12)式可化为：

$$\theta = \boldsymbol{K} \cdot \boldsymbol{r} - \omega t \tag{5.18}$$

令上式等于常数，即为三维平面波的等位相面所满足的方程：

$$\boldsymbol{K} \cdot \boldsymbol{r} - \omega t = 常数 \tag{5.19}$$

由上式可进一步求得：

$$\boldsymbol{K} \cdot \left(\frac{\mathrm{d}\boldsymbol{r}}{\mathrm{d}t}\right)_{\theta=\mathrm{const}} = \omega \tag{5.20}$$

上式中的$\left(\frac{\mathrm{d}\boldsymbol{r}}{\mathrm{d}t}\right)_{\theta=\mathrm{const}}$即为等位相面的移速 $\boldsymbol{C}$，故有：

$$\boldsymbol{K} \cdot \boldsymbol{C} = \omega \tag{5.21}$$

如前所述，$\boldsymbol{K}$，$\boldsymbol{C}$ 共线，均为波移动的方向，进一步可求得：

$$\boldsymbol{C} = \frac{\omega}{K^2}\boldsymbol{K} \tag{5.22}$$

相速 $\boldsymbol{C}$ 有一个特点，即其在 x,y,z 三个方向的分量并不等于三个方向的相速。可证明如下：

相速 $\boldsymbol{C}$ 在 x,y,z 三个方向的分量若分别用 C_x,C_y,C_z 来表示，则分别为：

$$C_x = \frac{\omega}{K^2}k_x \quad C_y = \frac{\omega}{K^2}k_y \quad C_z = \frac{\omega}{K^2}k_z \tag{5.23}$$

而等位相面在 x,y,z 三个方向上的移速若用 C_{px},C_{py},C_{pz} 来表示，则由(5.12)式令 θ=常数，可类似推得：

$$\begin{cases} C_{px} = \left(\frac{\mathrm{d}x}{\mathrm{d}t}\right)_{y,z,\theta=\mathrm{const}} = \frac{\omega}{k_x} \\ C_{py} = \left(\frac{\mathrm{d}y}{\mathrm{d}t}\right)_{x,z,\theta=\mathrm{const}} = \frac{\omega}{k_y} \\ C_{pz} = \left(\frac{\mathrm{d}z}{\mathrm{d}t}\right)_{x,y,\theta=\mathrm{const}} = \frac{\omega}{k_z} \end{cases} \tag{5.24}$$

可见，$\boldsymbol{C} \neq C_{px}\boldsymbol{i} + C_{py}\boldsymbol{j} + C_{pz}\boldsymbol{k}$，即相速矢量 $\boldsymbol{C}$ 并不具有运动速度矢量那样的特点。此特点可用图像形式表现出来，以二维为例，图 5.3 表示了位相为 θ_1 的等位相面间隔单位时间前后两个时刻所处的位置。由图 5.3 清晰可见，$\boldsymbol{C} \neq C_{px}\boldsymbol{i} + C_{py}\boldsymbol{j}$。

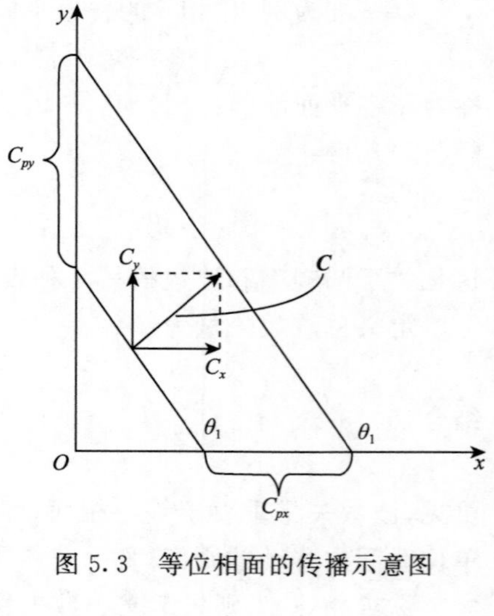

图 5.3　等位相面的传播示意图

5.2　重力表面波和界面波

日常生活中，最形象且最直观的波动，就是由于重力作用所产生的水面波动（重力表面波）以及发生于不同性质流体界面的界面波。下面详细地讨论此类波动，重点讨论波动方程的建立及其求解方法。

5.2.1　水面重力波（重力表面波）

考虑如图 5.1 所示的一维水面波。如前所述，平静的水面受扰后将发生起伏不平的变化，水面扰动高度 h' 将随空间位置和时间而变化，即：

$$h'(x,t) = h(x,t) - H \tag{5.25}$$

且满足：

$$\frac{|h'(x,t)|}{H} = \frac{|h(x,t) - H|}{H} \ll 1 \tag{5.26}$$

即认为水面受扰后的起伏是很微小的。也就是说我们讨论的是小振幅波，对于有限振幅波，要复杂一些，本书不予讨论。

流体波动是流体的一种特定的运动形态，应该遵循流体运动所满足的基本方程。也就是说水面扰动高度 h' 是遵循一定规律变化的，它所满足的方程即一维水面重力波方程。下面讨论如何建立此方程。

不计黏性，描述不可压缩流体一维波动的水平运动方程和连续方程为：

$$\begin{cases} \dfrac{\mathrm{d}u}{\mathrm{d}t} = -\dfrac{1}{\rho}\dfrac{\partial p}{\partial x} \\ \dfrac{\partial h}{\partial t} + u\dfrac{\partial h}{\partial x} + h\dfrac{\partial u}{\partial x} = 0 \end{cases} \tag{5.27}$$

上式中水平压力梯度力可进一步化简为用自由表面高度 h 的函数表达式来表示。如图 5.4 所示，设自由表面处的大气压为常数 p_0，由于垂直方向近似满足静力平衡，故在流体中任一高度 z 处，流体压力可近似地表示为：

$$p(x,z,t) = \rho g[h(x,t) - z] + p_0 \tag{5.28}$$

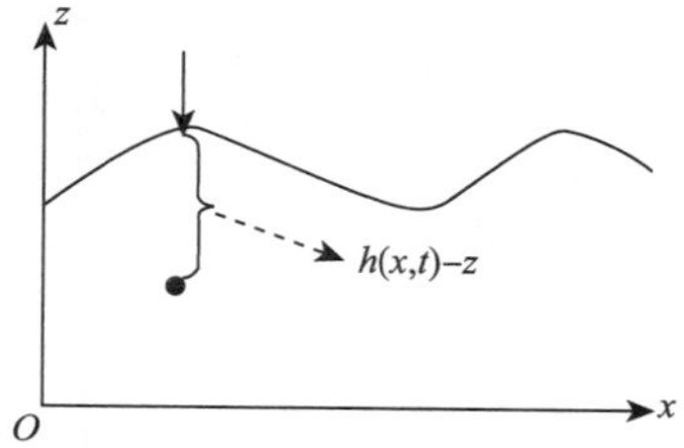

图 5.4　流体内部压力示意图

上式对 x 求偏导得：

$$-\frac{1}{\rho}\frac{\partial p}{\partial x} = -g\frac{\partial h}{\partial x} \tag{5.29}$$

可见流体水平压力梯度力可用自由表面高度的梯度来表示，即可由水面坡度来表示。将(5.29)式代入方程组(5.27)的第一式，并将方程左端的个别变化展开，展开过程中注意，因为是一维波动故有 $v=0$，$\frac{\partial}{\partial y}=0$，由此，(5.27)式整理为：

$$\begin{cases}\frac{\partial u}{\partial t}+u\frac{\partial u}{\partial x}+w\frac{\partial u}{\partial z}=-g\frac{\partial h}{\partial x}\\ \frac{\partial h}{\partial t}+u\frac{\partial h}{\partial x}+h\frac{\partial u}{\partial x}=0\end{cases} \tag{5.30}$$

由于波动研究的是物理变量的扰动部分，因此，建立上式的扰动量满足的方程即为一维水面重力波方程。我们所用的方法是适用于小振幅波的小(微)扰动线性化方法，简称微扰动法。

微扰动法是将非线性方程进行线性化的一种有效的方法。它特别适合用来定性分析流体运动的基本性质，这一方法在气象问题上有着广泛的应用。现将微扰动法的基本原理叙述如下：

(1)把表征流体状态的任一场变量 A 看成是由已知的基本量(或平均量)$\overline{A}$ 和叠加在其上的扰动量 A' 组成的，即：

$$A=\overline{A}+A' \tag{5.31}$$

(2)基本量 $\overline{A}$ 表征流体运动的基本状态，它满足原来的方程。

(3)因为是小振幅波，所以扰动量 A' 及其改变量都是小量，其二次以上乘积项为高阶小量，可以略去不计。

现利用此方法从(5.30)式出发推出一维水面重力波方程。

设方程中的场变量 u,w,h 均由基本量和扰动量叠加组成，且认为流体运动的基本状态是静止的，则有：

$$u=\bar{u}+u'=u',w=\overline{w}+w'=w',h=H+h' \tag{5.32}$$

基本量满足原方程，即有下式成立：

$$\begin{cases}\frac{\partial \bar{u}}{\partial t}+\bar{u}\frac{\partial \bar{u}}{\partial x}+\overline{w}\frac{\partial \bar{u}}{\partial z}=-g\frac{\partial H}{\partial x}=0\\ \frac{\partial H}{\partial t}=-\bar{u}\frac{\partial H}{\partial x}-H\frac{\partial \bar{u}}{\partial x}=0\end{cases} \tag{5.33}$$

将(5.32)式代入(5.30)式中，并考虑到(5.33)式后，整理得：

$$\begin{cases}\frac{\partial u'}{\partial t}+u'\frac{\partial u'}{\partial x}+w'\frac{\partial u'}{\partial z}=-g\frac{\partial h'}{\partial x}\\ \frac{\partial h'}{\partial t}+u'\frac{\partial h'}{\partial x}+(H+h')\frac{\partial u'}{\partial x}=0\end{cases} \tag{5.34}$$

考虑到上式的二次乘积项为高阶小量，故略去。这样我们就得到了一维水面重力波的闭合方程组：

$$\begin{cases}\dfrac{\partial u'}{\partial t} = -g\dfrac{\partial h'}{\partial x} \\ \dfrac{\partial h'}{\partial t} = -H\dfrac{\partial u'}{\partial x}\end{cases} \tag{5.35}$$

上式作为水面重力波的闭合方程组，其中 u'，h' 作为待求的未知量是可以求得的。首先将(5.35)两个方程合并为一个方程，即先把(5.35)的第二式对 t 求偏微商，以及把第一式对 x 求偏微商与 H 相乘，再把两者结果相加就得到：

$$\frac{\partial^2 h'}{\partial t^2} = gH\frac{\partial^2 h'}{\partial x^2} \tag{5.36}$$

如前所述，一维水面波的扰动高度 $h'(x,t)$ 可用三角函数来表示，故可假设波动的形式解为：

$$h'(x,t) = A\sin k(x-ct) \tag{5.37}$$

将其代入(5.36)式，可得：

$$k^2c^2h' = gHk^2h' \Rightarrow c = \pm\sqrt{gH} \tag{5.38}$$

因此，欲使形式解(5.37)为方程(5.36)的解，则必须使(5.38)式成立。或者当 c 满足(5.38)式时，该形式解就是方程(5.36)的解。所以(5.38)式就是一维水面重力波的相速公式。在该式中，已反映出形成波的物理原因就是重力 g。其中正负号表示波动以相速 c 可向两个方向传播。同样，为了求得 u'，仍做如下假设：

$$u'(x,t) = B\sin k(x-ct) \tag{5.39}$$

将(5.37)式和(5.39)式代入(5.35)式，不难求得 $B=\pm\sqrt{\dfrac{g}{H}}A$，于是最后有：

$$u' = B\sin k(x-ct) = \pm\sqrt{\frac{g}{H}}A\sin k(x-ct) \tag{5.40}$$

这就是一维水面重力波的流速场。正负号反映了扰动速度和扰动高度的位相关系。当相速 c 取正值时，上式取正号，这时扰动速度和扰动高度同号，表明扰动速度和扰动高度是同位相的，当相速 c 取负值时，上式取负号，扰动速度和扰动高度异号，表明扰动速度和扰动高度的位相相差 π。

另一方面，我们也可由波动方程组(5.35)讨论水面重力波的形成机制，可由图 5.5说明如下：

当水面受到外界扰动后将发生起伏不平($\dfrac{\partial h'}{\partial x}\neq 0$)，如图 5.5(a)所示；其后通过重力作用产生水平压力梯度力($-g\dfrac{\partial h'}{\partial x}$)，并引起了流体运动($\dfrac{\partial u'}{\partial t}\neq 0$)。流动结果将会出现水平辐合、辐散($\dfrac{\partial u'}{\partial x}\neq 0$)，最终反过来改变了原先的水面起伏($\dfrac{\partial h'}{\partial t}\neq 0$)，如图

5.5(b)所示。这样，重力、浮力恢复作用通过水平辐合、辐散，形成了水面波。由于其成波机制为重力作用，故命名为水面重力波。

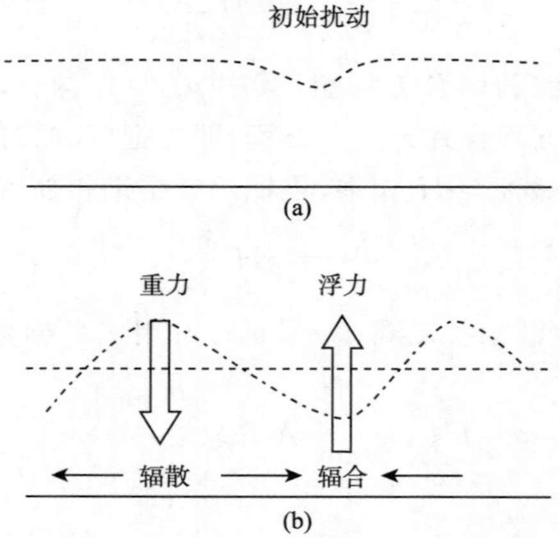

图 5.5　一维水面重力波的形成机制示意图

5.2.2　上轻下重流体间的界面波

上面所讨论的水面重力波，确切地讲，它是空气和水之间的流体界面波，只是在讨论问题的时候经常不考虑空气而已。

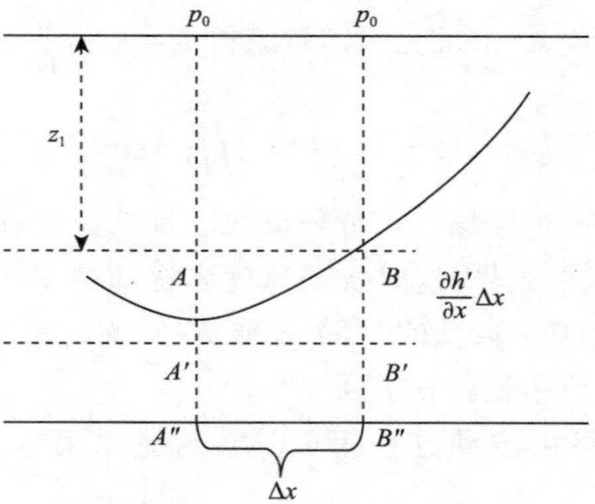

图 5.6　界面重力波的液高和压力的关系

假如将以上讨论中的空气用油来代替，而把水表面当做油与水的界面，这样就构成了上轻下重的液体分布情况。此时，如果再来考虑其中的波动问题，就构成了下面讨论的上轻下重的流体间的界面波。

设有如图 5.6 所示上轻下重流体间的界面，当它受扰后的扰动高度为 $h'(x,t)$。

上层流体密度为 ρ_1，下层流体密度为 ρ_2，且 $\rho_1<\rho_2$。根据前面的讨论，对于这样的波动，考虑下层流体作为研究对象，满足如下的方程组：

$$\begin{cases}\dfrac{\mathrm{d}u}{\mathrm{d}t}=-\dfrac{1}{\rho_2}\dfrac{\partial p}{\partial x}\\[2ex]\dfrac{\partial h}{\partial t}+u\dfrac{\partial h}{\partial x}+h\dfrac{\partial u}{\partial x}=0\end{cases}\tag{5.41}$$

类似地，由方程组(5.41)也可推得界面波的波动方程组。首先将式中的压力梯度力项做进一步处理。

由第2章所述，流体的静压力只与流体的深度有关。当上层流体表面在未受扰动的情况下，而且为平面时，上层流体的水平压力梯度应为零，且有：

$$p_A=p_B=p=p_0+\rho_1 g z_1\tag{5.42}$$

式中，p_0 为上层流体表面所受的气压，p 为任一深度 z_1 处的流体压力。

根据流体的静力平衡方程$\dfrac{\partial p}{\partial z}=-\rho g$ 可推出，对于不可压缩流体，有：

$$\frac{\partial}{\partial x}\left(\frac{\partial p}{\partial z}\right)=0\text{，或者}\frac{\partial}{\partial z}\left(\frac{\partial p}{\partial x}\right)=0\tag{5.43}$$

可见，不可压流体的水平压力梯度力$-\dfrac{1}{\rho}\dfrac{\partial p}{\partial x}$将不随高度 z 变化。

于是如图5.6所示，在下层流体中，压力梯度力项为：

$$-\frac{1}{\rho_2}\frac{\partial p}{\partial x}=-\frac{1}{\rho_2}\lim_{\Delta x\to 0}\frac{1}{\Delta x}(p''_B-p''_A)=-\frac{1}{\rho_2}\lim_{\Delta x\to 0}\frac{1}{\Delta x}(p'_B-p'_A)\tag{5.44}$$

由于

$$p'_A=p_A+\left(\frac{\partial h'}{\partial x}\Delta x\right)\rho_1 g=p+\left(\frac{\partial h'}{\partial x}\Delta x\right)\rho_1 g$$

$$p'_B=p_B+\left(\frac{\partial h'}{\partial x}\Delta x\right)\rho_2 g=p+\left(\frac{\partial h'}{\partial x}\Delta x\right)\rho_2 g$$

于是，最终可以将压力梯度力项表示为：

$$-\frac{1}{\rho_2}\frac{\partial p}{\partial x}=-g\left(1-\frac{\rho_1}{\rho_2}\right)\frac{\partial h'}{\partial x}=-g\left(1-\frac{\rho_1}{\rho_2}\right)\frac{\partial h}{\partial x}\tag{5.45}$$

也就是说，在这种情况下，仍然可以采用受扰后的界面坡度来表示流体压力的水平梯度。

把压力梯度力项(5.45)式代入(5.41)第一式，并将其左端的个别变化项展开，可得描述一维流体界面波下层流体的运动方程和连续方程：

$$\begin{cases}\dfrac{\partial u}{\partial t}+u\dfrac{\partial u}{\partial x}+w\dfrac{\partial u}{\partial z}=-g\left(1-\dfrac{\rho_1}{\rho_2}\right)\dfrac{\partial h}{\partial x}\\[2ex]\dfrac{\partial h}{\partial t}+u\dfrac{\partial h}{\partial x}+h\dfrac{\partial u}{\partial x}=0\end{cases}\tag{5.46}$$

将(5.32)式代入上式，利用微扰动法可推得一维流体界面波的波动方程组如下：

$$\begin{cases}\dfrac{\partial u'}{\partial t}=-g\left(1-\dfrac{\rho_1}{\rho_2}\right)\dfrac{\partial h'}{\partial x}\\ \dfrac{\partial h'}{\partial t}=-H\dfrac{\partial u'}{\partial x}\end{cases}\tag{5.47}$$

上式与(5.35)式对比可见，当 $\rho_1 \ll \rho_2$ 时，方程就退化为了重力表面波方程。很显然，$\left(1-\dfrac{\rho_1}{\rho_2}\right)$就是存在上层流体时的修正因子。

(5.47)式消去 u'，可得界面波方程：

$$\frac{\partial^2 h'}{\partial t^2}=gH\left(1-\frac{\rho_1}{\rho_2}\right)\frac{\partial^2 h'}{\partial x^2}\tag{5.48}$$

与前面类似，设波动的形式解 $h'(x,t)=A\sin k(x-ct)$，代入上式，最终，可以得到一维流体界面波的相速公式为：

$$c=\pm\sqrt{gH\left(1-\frac{\rho_1}{\rho_2}\right)}\tag{5.49}$$

归纳界面重力波的表示式(5.47)～(5.49)，可以发现如把界面波中的重力看做是修正重力 $g'=g\left(1-\dfrac{\rho_1}{\rho_2}\right)$，则界面重力波就相当于表面重力波中有关的方程式。或者说，两者的不同就在于界面波中取修正重力 g'。

5.3 小结与例题

5.3.1 小结

本章主要介绍了波动的基本概念，并以简单而具有代表性的重力表面波和界面波为例，对流体波动进行讨论。首先，给出了波动的数学模型，介绍了波参数(振幅、周期、频率、波长、位相、波数、圆频率及相速)，并把波的概念推广到二维、三维空间。通过微扰动法，介绍了重力表面波和界面波求波动解的过程，并探讨了波动解的物理意义及波动的形成机制。

5.3.2 例题

例 5.1 已知一波动方程为 $y=10\cos\pi(2.5t-0.01x)$，求波长、周期和相速(根据这些量的物理意义来求出)。

解:所谓波长是指同一时刻相邻两同位相(位相相差 2π)质点间的距离。于是有：

$$\pi(2.5t-0.01x_1)-\pi(2.5t-0.01x_2)=2\pi$$

所以有：

$$L=x_2-x_1=2\times100=200$$

因为波动的周期就等于质点振动的周期，即是同一质点的位相变化 2π 所需经历的时间，因此

$$\pi(2.5t_2-0.01x)-\pi(2.5t_1-0.01x)=2\pi$$

故

$$T=t_2-t_1=\frac{2}{2.5}=0.8$$

而相速是等位相面的传播速度，等位相面方程为 $\theta=\pi(2.5t-0.01x)=\text{const}$，由此可推得：

$$c=\left(\frac{\mathrm{d}x}{\mathrm{d}t}\right)_{\theta=\text{const}}=\frac{2.5}{0.01}=250$$

相速亦等于波长除以周期，即：

$$c=\frac{L}{T}=\frac{200}{0.8}=250$$

例 5.2 已知波源位于原点($x=0$)的谐波方程为 $y=\cos(bt-dx)$，试求：

(1)在传播方向上距波源 l 处的振动方程式。

(2)此点与波源的位相差。

解：(1)振动表示某个质点的运动情况，其方程为 $y=f(t)$，而波动则为许多相互有联系的质点系的运动情况，方程为 $y=f(x,t)$。在波动方程中，如果将 x 给定，那么，这时的波动方程便蜕变为该点的振动方程。

显然，在传播方向上距波源 l 处的振动方程式为：

$$y=\cos(bt-dl)$$

(2)由波动方程知，波源的振动方程为：

$$y=\cos bt$$

因此，在传播方向上距波源 l 处一点与波源的位相差为：

$$\delta\theta=bt-dl-bt=-dl$$

例 5.3 对于流速为 U(常数)的一维均匀水流，表面受到微扰动而产生重力表面波，根据水平运动方程及不可压连续方程：

$$\begin{cases}\dfrac{\mathrm{d}u}{\mathrm{d}t}=-\dfrac{1}{\rho}\dfrac{\partial p}{\partial x}\\[2mm]\dfrac{\partial h}{\partial t}+u\dfrac{\partial h}{\partial x}+h\dfrac{\partial u}{\partial x}=0\end{cases}$$

采用线性化方法，导出描写流体波动的方程组，并求出重力表面波的相速度。

解:正如前面分析,可将上式的水平压力梯度力用水面坡度来表示,故上式化为:

$$\begin{cases}\dfrac{\partial u}{\partial t}+u\dfrac{\partial u}{\partial x}+w\dfrac{\partial u}{\partial z}=-g\dfrac{\partial h}{\partial x}\\ \dfrac{\partial h}{\partial t}+u\dfrac{\partial h}{\partial x}+h\dfrac{\partial u}{\partial x}=0\end{cases}$$

下面采用线性化方法,求波动方程组。先将方程中的三个场变量写为基本量加扰动量的形式,即:

$$u=U+u',w=\bar{w}+w'=w',h=H+h'$$

代入上式得:

$$\begin{cases}\dfrac{\partial(U+u')}{\partial t}+(U+u')\dfrac{\partial(U+u')}{\partial x}+w'\dfrac{\partial(U+u')}{\partial z}=-g\dfrac{\partial(H+h')}{\partial x}\\ \dfrac{\partial H}{\partial t}+\dfrac{\partial h'}{\partial t}+(U+u')\dfrac{\partial(H+h')}{\partial x}+(H+h')\dfrac{\partial(U+u')}{\partial x}=0\end{cases}$$

根据基本量满足原方程,并略去高阶小量后得线性化方程:

$$\begin{cases}\dfrac{\partial u'}{\partial t}+U\dfrac{\partial u'}{\partial x}=-g\dfrac{\partial h'}{\partial x}\\ \dfrac{\partial h'}{\partial t}+U\dfrac{\partial h'}{\partial x}=-H\dfrac{\partial u'}{\partial x}\end{cases}$$

即:

$$\begin{cases}(\dfrac{\partial}{\partial t}+U\dfrac{\partial}{\partial x})u'=-g\dfrac{\partial h'}{\partial x}\\ (\dfrac{\partial}{\partial t}+U\dfrac{\partial}{\partial x})h'=-H\dfrac{\partial u'}{\partial x}\end{cases}$$

上式即描写重力表面波的波动方程。下面求其相速度。

消去上式的参数 u' 得:

$$\left(\frac{\partial}{\partial t}+U\frac{\partial}{\partial x}\right)^2h'=gH\frac{\partial^2h'}{\partial x^2}$$

取波动的形式解为 $h'(x,t)=A\sin k(x-ct)$,代入上式得:

$$-k^2(U-c)^2h'=-gHk^2h'\Rightarrow c=U\pm\sqrt{gH}$$

例 5.4 试求由于忽略了大气的存在,在确定浅水水面的波动传播速度时所产生的相对误差为多大?

解:由前述知大气与浅水间界面波的波速公式(不考虑波动传播方向,只考虑波速大小)为:

$$c=\sqrt{gH\left(1-\frac{\rho_{大气}}{\rho_{水}}\right)}$$

由于忽略大气的存在,即取 $\rho_{大气}=0$,于是其波速公式蜕变为:

$$c = \sqrt{gH}$$

因此，

$$相对误差 = \frac{\sqrt{gH} - \sqrt{gH(1-\rho_{大气}/\rho_{水})}}{\sqrt{gH}} = 1 - \sqrt{1-\rho_{大气}/\rho_{水}} \approx \frac{\rho_{大气}}{2\rho_{水}}$$

$$= \frac{1.29 \times 10^{-3}}{2} = 0.065\%$$

习题 5

习题 5.1 试讨论波动与振动的联系与区别。

习题 5.2 已知一波动方程为 $y=0.10\cos\left[2\pi\left(\frac{t}{2}-\frac{x}{4}\right)+\frac{\pi}{2}\right]$，求振幅、圆频率、波数、波长、周期和相速。

习题 5.3 已知 Rossby 波动方程为：

$$\left(\frac{\partial}{\partial t}\nabla_h^2 + \beta_0\frac{\partial}{\partial x}\right)\psi = 0$$

试求出其波动的圆频率和相速。

习题 5.4 试以二维平面波为例，说明相速度不满足通常的矢量合成法则。

习题 5.5 试由一维流体界面重力波的波动方程(5.47)，阐述界面重力波的形成机制。

习题 5.6 一简谐波，振动周期 $T=\frac{1}{2}$ s，波长 $L=10$ m，振幅 $A=0.1$ m。当 $t=0$ 时，波源振动的位移恰好为正方向的最大值。若坐标原点和波源重合，且波沿 Ox 轴正方向传播，求：

(1)波的表达式；

(2)$t_1=T/4$ 时刻，$x_1=L/4$ 处质点的位移；

(3)$t_2=T/2$ 时刻，$x_1=L/4$ 处质点的振动速度。

习题 5.7 一横波沿绳子传播，其波的表达式为 $y=0.05\cos(100\pi t-2\pi x)$，求：

(1)此波的振幅、相速、圆频率和波长；

(2)$x_1=0.2$ m 处和 $x_2=0.7$ m 处二质点振动的位相差。

第6章　旋转流体动力学

前面所讨论的流体运动都是在惯性坐标系下进行的，并没有考虑地球的旋转效应。假设流体运动的参考系，自身是以一定的角速度绕轴转动，这种参考系称为旋转参考系，而相对于旋转参考系的流体运动则称之为旋转流体运动，或简称为旋转流体。大多数地球物理流体力学所关心的问题属于旋转流体动力学问题。地球的旋转效应会对地球上的大气、海洋等流体运动产生显著的影响，本章主要介绍由旋转效应所引起的流体运动的变化特性、本质、现象及其物理描述。

6.1　旋转参考系中的流体运动方程

当我们考虑流体随地球旋转时，实际观察的流体相对于地球表面做相对运动。地球通常以角速度 $\boldsymbol{\Omega}$（$\boldsymbol{\Omega}$ 的大小为 $7.292\times10^{-5}\ \mathrm{s}^{-1}$）自西向东绕地轴自转，我们把地球视为一个对惯性坐标系做纯粹旋转运动的物体。为了应用相对于非惯性系的变量（即在旋转地球上所观测到的变量）来描述流体运动，需要把运动方程由惯性坐标系转换到非惯性坐标系，即固定在地球上的旋转坐标系。

以下从惯性坐标系（亦称静止坐标系或绝对坐标系）的流体运动方程出发，推导出旋转坐标系的流体运动方程。首先，我们要了解惯性坐标系中矢量的全微商与旋转坐标系中矢量的全微商之间的关系。

令 $\boldsymbol{i},\boldsymbol{j},\boldsymbol{k}$ 为惯性坐标系中沿直角坐标轴的单位矢量，而 $\boldsymbol{i}',\boldsymbol{j}',\boldsymbol{k}'$ 为旋转坐标系中的单位矢量。对于任一矢量 $\boldsymbol{A}$，在惯性坐标系中可以表示为：

$$\boldsymbol{A}=A_x\boldsymbol{i}+A_y\boldsymbol{j}+A_z\boldsymbol{k} \tag{6.1}$$

在旋转坐标系中则表示为：

$$\boldsymbol{A}=A'_x\boldsymbol{i}'+A'_y\boldsymbol{j}'+A'_z\boldsymbol{k}' \tag{6.2}$$

在惯性坐标系中，对矢量 $\boldsymbol{A}$ 进行全微商，则：

$$\begin{aligned}\frac{\mathrm{d}_a\boldsymbol{A}}{\mathrm{d}t}&=\frac{\mathrm{d}_a(A_x\boldsymbol{i}+A_y\boldsymbol{j}+A_z\boldsymbol{k})}{\mathrm{d}t}=\frac{\mathrm{d}_a(A'_x\boldsymbol{i}'+A'_y\boldsymbol{j}'+A'_z\boldsymbol{k}')}{\mathrm{d}t}\\&=\frac{\mathrm{d}_aA'_x}{\mathrm{d}t}\boldsymbol{i}'+\frac{\mathrm{d}_aA'_y}{\mathrm{d}t}\boldsymbol{j}'+\frac{\mathrm{d}_aA'_z}{\mathrm{d}t}\boldsymbol{k}'+A'_x\frac{\mathrm{d}_a\boldsymbol{i}'}{\mathrm{d}t}+A'_y\frac{\mathrm{d}_a\boldsymbol{j}'}{\mathrm{d}t}+A'_z\frac{\mathrm{d}_a\boldsymbol{k}'}{\mathrm{d}t}\end{aligned} \tag{6.3}$$

式中$\frac{d_a A'_x}{dt}\boldsymbol{i}'+\frac{d_a A'_y}{dt}\boldsymbol{j}'+\frac{d_a A'_z}{dt}\boldsymbol{k}'\equiv\frac{d_r\boldsymbol{A}}{dt}$，为旋转坐标系中矢量$\boldsymbol{A}$的全微商。

由于$\boldsymbol{i}'$是旋转坐标系中的单位矢量，所以$\frac{d\boldsymbol{i}'}{dt}$是$\boldsymbol{i}'$的转动速度，而且$\frac{d\boldsymbol{i}'}{dt}=\boldsymbol{\Omega}\times\boldsymbol{i}'$，同理有$\frac{d\boldsymbol{j}'}{dt}=\boldsymbol{\Omega}\times\boldsymbol{j}'$，$\frac{d\boldsymbol{k}'}{dt}=\boldsymbol{\Omega}\times\boldsymbol{k}'$。那么，上式可以表示成：

$$\frac{d_a\boldsymbol{A}}{dt}=\frac{d_r\boldsymbol{A}}{dt}+A'_x\boldsymbol{\Omega}\times\boldsymbol{i}'+A'_y\boldsymbol{\Omega}\times\boldsymbol{j}'+A'_z\boldsymbol{\Omega}\times\boldsymbol{k}'=\frac{d_r\boldsymbol{A}}{dt}+\boldsymbol{\Omega}\times\boldsymbol{A} \tag{6.4}$$

上式即为惯性坐标系中矢量的全微商与旋转坐标系中矢量的全微商之间的关系式。

通常，在旋转坐标系中引入微分算子：

$$\frac{d_a}{dt}=\left(\frac{d_r}{dt}+\boldsymbol{\Omega}\times\right) \tag{6.5}$$

将左端称为绝对变化项，右端第一项称为相对变化项，右端第二项称为牵连变化项。

应该指出标量在惯性坐标系和旋转坐标系中对时间的微商是一致的，例如，温度等标量随时间的变化并不会因为选取的坐标系不同而改变。

从速度的定义出发，我们把上式应用于旋转地球上任意流体质点矢径$\boldsymbol{r}$，即：

$$\frac{d_a\boldsymbol{r}}{dt}=\frac{d_r\boldsymbol{r}}{dt}+\boldsymbol{\Omega}\times\boldsymbol{r} \tag{6.6}$$

于是，上式可以改写为：

$$\boldsymbol{V}_a=\boldsymbol{V}+\boldsymbol{V}_e \tag{6.7}$$

其中，$\boldsymbol{V}_e=\boldsymbol{\Omega}\times\boldsymbol{r}$为牵连速度，它是由于旋转坐标系的转动而产生的速度。上式表明，在自转地球上，流体质点的绝对速度等于它相对于地球的速度加上地球自转引起的牵连速度。

倘若我们将任意矢量$\boldsymbol{A}$取为任意流体质点对应的绝对速度矢量$\boldsymbol{V}_a$时，则可以得到在惯性坐标系中的流体运动的加速度(称为绝对加速度)，可表示为：

$$\begin{aligned}\frac{d_a\boldsymbol{V}_a}{dt}&=\frac{d_r\boldsymbol{V}_a}{dt}+\boldsymbol{\Omega}\times\boldsymbol{V}_a\\&=\frac{d_r(\boldsymbol{V}+\boldsymbol{\Omega}\times\boldsymbol{r})}{dt}+\boldsymbol{\Omega}\times(\boldsymbol{V}+\boldsymbol{\Omega}\times\boldsymbol{r})\\&=\frac{d_r\boldsymbol{V}}{dt}+2\boldsymbol{\Omega}\times\boldsymbol{V}+\boldsymbol{\Omega}\times\boldsymbol{\Omega}\times\boldsymbol{r}\\&=\frac{d_r\boldsymbol{V}}{dt}+2\boldsymbol{\Omega}\times\boldsymbol{V}-\Omega^2\boldsymbol{R}\end{aligned} \tag{6.8}$$

其中应用了矢量恒等式：

$$\boldsymbol{\Omega}\times\boldsymbol{\Omega}\times\boldsymbol{r}=\boldsymbol{\Omega}\times\boldsymbol{\Omega}\times\boldsymbol{R}=-\Omega^2\boldsymbol{R} \tag{6.9}$$

式中$\boldsymbol{R}$为流体质点所在的纬圈平面内从地轴到该流体质点的距离矢量，其大小为$|\boldsymbol{R}|$

$=|\boldsymbol{r}|\cos\varphi$（图 6.1）。

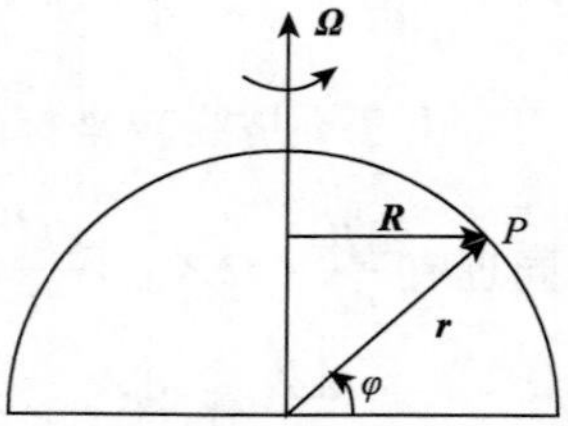

图 6.1　位置矢量 $\boldsymbol{r}$ 与距离矢量 $\boldsymbol{R}$ 的关系

通过以上分析可知，在考虑地球的旋转之后，运动方程的显著变化在于流体运动的加速度项。或者说，由于引进了旋转坐标系，从而产生了两个附加项，将其看做是流体受力的情况（它们是以体积力的形式出现的），一个称为科氏力（或者地转偏向力）；另一个为惯性离心力。此外，流体的黏性特征并不因为旋转坐标系的引进而发生变化。

对于不可压缩黏性流体在旋转坐标系中，将流体的绝对加速度项代入纳维—斯托克斯方程中。黏性旋转流体的运动方程为：

$$\frac{\mathrm{d}\boldsymbol{V}}{\mathrm{d}t}=\boldsymbol{F}-\frac{1}{\rho}\nabla p+\upsilon\nabla^2\boldsymbol{V}-2\boldsymbol{\Omega}\times\boldsymbol{V}+\Omega^2\boldsymbol{R} \tag{6.10}$$

根据万有引力定律，每单位质量的流体微团受到的地球引力为：

$$\boldsymbol{g}^*=-\frac{GM}{r^2}\left(\frac{\boldsymbol{r}}{r}\right) \tag{6.11}$$

其中，$G=6.668\times10^{-11}(\mathrm{N\cdot m^2/kg^2})$为引力常数，$M=5.988\times10^{24}$ kg 为地球质量，$\boldsymbol{r}$ 为自地心引出的流体微团的位置矢量。

地球引力与惯性离心力的矢量和称作为重力，每单位质量的流体微团所受的重力为 $\boldsymbol{g}$，则：

$$\boldsymbol{g}=\boldsymbol{g}^*+\Omega^2\boldsymbol{R} \tag{6.12}$$

在南北两极，惯性离心力为零；在赤道，惯性离心力最大，方向与地球引力相反。所以，如果地球是一个正球体，除两极和赤道外，重力不指向地心，它与地球引力之间有一极小的夹角（图 6.2）。

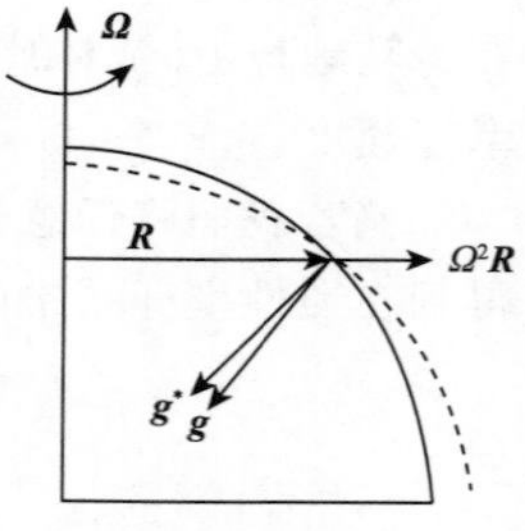

图 6.2　地球引力与重力之间的关系

惯性离心力可分解为两个相互垂直的分力。一个分力部分抵消了地球引力，另一个分力与地表面相切指向赤道。后一个分力促使物体向赤道方向运动。在这个分力的长久作用下，便在一定程度上决定了地球壳层的形状，使地球在赤道隆起，而两极扁平（图 6.2）。从而重力处处和地球表面相垂直。地球近似一椭球体，其长轴半径与短轴半径相差 2.1×10^4 m 左右，而地球平均半径为 6.37×10^6 m，所以可以把地球近似看成一个正球体。

考虑万有引力（地心引力）项与惯性离心力项合并成重力项 $\boldsymbol{g}$，于是（6.10）式有：

$$\frac{\mathrm{d}\boldsymbol{V}}{\mathrm{d}t}=\boldsymbol{g}-\frac{1}{\rho}\nabla p+\upsilon\nabla^2\boldsymbol{V}-2\Omega\boldsymbol{l}\times\boldsymbol{V} \tag{6.13}$$

这就是旋转坐标系下流体运动的基本方程组，其中 $\boldsymbol{l}$ 为旋转轴线的方向。

引进了旋转坐标系之后，出现了地转偏向力。从它的表达式 $-2\boldsymbol{\Omega}\times\boldsymbol{V}$ 不难看出，地转偏向力与流速矢相垂直。在北半球，地转偏向力指向速度矢的右方；在南半球，从站立在地面的观察者来看，$\boldsymbol{\Omega}$ 方向与在北半球上看到的相反，故地转偏向力指向速度矢的左方(图 6.3)。由于 $-2\boldsymbol{\Omega}\times\boldsymbol{V}$ 始终与 $\boldsymbol{V}$ 垂直，所以地转偏向力对流体微团不做功，它不能改变流体微团的运动速度大小，只能改变其运动方向。

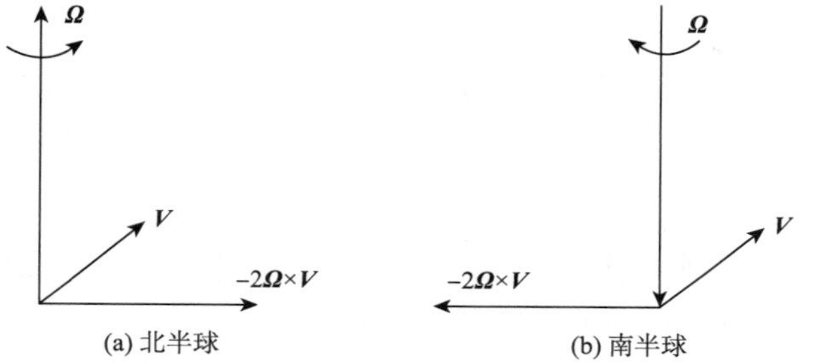

图 6.3　地转偏向力的方向

地转偏向力的出现，完全是由于旋转参考系下观测流体运动所产生的旋转效应，在流体的运动方程中，增加了地转偏向力项，从而成为旋转流体方程。在地球物理流体力学或大气动力学中，流体运动方程大多数是采用旋转流体运动方程(小尺度运动除外)。

6.2　旋转流体的无量纲方程和罗斯贝数

在上节中给出了旋转流体的运动方程，本节将推导出旋转流体运动的无量纲方程，并讨论几个与旋转流体运动密切相关的无量纲数。

6.2.1　旋转流体的无量纲方程

为了得到旋转流体运动的无量纲方程，首先选取进行尺度分析所需物理量的特征尺度。选取特征长度尺度为 L，特征速度尺度为 U，特征时间尺度为 T，重力加速度特征量为 g，密度特征量为 ρ_0，旋转参考系的自转角速度特征量为 Ω(其中 g，ρ_0，Ω 都取其自身值为特征量尺度)；而特征压力差可以取两种不同的尺度，即 $\rho_0 U^2$，$\rho_0 \Omega^2 L^2$，考虑到讨论 $U/\Omega L$ 的极限情形，通常选取最大有效尺度 $\rho_0 \Omega^2 L^2$ 作为压力差的尺度。

在引入特征尺度之后，下面对旋转流体的运动方程进行量纲分析。把所有物理量均表示成特征量和无量纲量的乘积，并以带撇号的量表示无量纲量。旋转流体的运动方程和特征量值可以表示成：

$$\frac{\partial \mathbf{V}}{\partial t}+(\mathbf{V}\cdot\nabla)\mathbf{V}=-\frac{1}{\rho}\nabla p+\mathbf{g}+\upsilon\nabla^2\mathbf{V}-2\Omega \boldsymbol{l}\times\mathbf{V}$$

各项的特征量：　$\frac{U}{T}$　$\frac{U^2}{L}$　$\frac{\rho_0 \Omega^2 L^2}{\rho_0 L}$　g　$\upsilon \frac{U}{L^2}$　ΩU

如果对上式各项均除以 ΩU，则有：

$$\frac{1}{\Omega T}\frac{\partial \mathbf{V}'}{\partial t'}+\frac{U}{\Omega L}(\mathbf{V}'\cdot\nabla')\mathbf{V}'=\frac{\Omega L}{U}\left(-\frac{1}{\rho'}\nabla' p'\right)+\frac{g}{\Omega U}\mathbf{g}'+\frac{\upsilon}{\Omega L^2}\nabla'^2\mathbf{V}'-2\mathbf{l}'\times\mathbf{V}' \tag{6.14}$$

再将上式整理，有：

$$\frac{U}{\Omega L}\left[\frac{L}{UT}\frac{\partial \mathbf{V}'}{\partial t'}+(\mathbf{V}'\cdot\nabla')\mathbf{V}'\right]=\frac{1}{\frac{U}{\Omega L}}\left(-\frac{1}{\rho'}\nabla' p'+\frac{g}{\Omega^2 L}\mathbf{g}'\right)+\frac{\upsilon}{\Omega L^2}\nabla'^2\mathbf{V}'-2\mathbf{l}'\times\mathbf{V}' \tag{6.15}$$

令 $Ro=U/\Omega L$，称为罗斯贝(Rossby)数；令 $Ek=\upsilon/\Omega L^2$，称为埃克曼(Ekman)数；令 $Fr=\Omega^2 L/g$，称为旋转流体弗劳德(Froude)数。上式变为：

$$Ro\left[\frac{L}{UT}\frac{\partial \mathbf{V}'}{\partial t'}+(\mathbf{V}'\cdot\nabla')\mathbf{V}'\right]=\frac{1}{Ro}\left(-\frac{1}{\rho'}\nabla' p'+\frac{1}{Fr}\mathbf{g}'\right]+Ek\,\nabla'^2\mathbf{V}'-2\mathbf{l}'\times\mathbf{V}' \tag{6.16}$$

上面的无量纲方程就是旋转流体的无量纲方程，其中出现了一些特征无量纲数，下面我们对它们进行介绍。

6.2.2 特征无量纲数

1. 罗斯贝数 Ro

$$Ro=\frac{U}{\Omega L}=\frac{U^2/L}{\Omega U}\sim\frac{\text{特征惯性力}}{\text{特征偏向力}} \tag{6.17}$$

Ro 实际上就是流体特征惯性力与特征偏向力之比，它是一个衡量旋转效应重要性的物理量。当 $Ro\ll1$ 时，即流体中惯性力项比偏向力项小得多，旋转作用对流体运动影响甚大；当 $Ro\gg1$ 时，即流体中惯性力项比偏向力项大得多，则可不考虑旋转效应。

由(6.17)式可知，对于大尺度(L)的缓慢流动(U)，可以满足 $Ro\ll1$ 的条件。反之，对于旋转参数系中的小尺度快速流体，可以满足 $Ro\gg1$ 的条件。因此，在旋转参考系中的大尺度缓慢运动，应考虑旋转效应；反之，小尺度快速运动可不计旋转影响。所以，在大气动力学中，大尺度大气运动方程采用旋转流体运动方程，对于小尺度大气运动则采用一般的流体运动方程。

2. 埃克曼数 Ek

$$Ek=\frac{\upsilon}{\Omega L^2}=\frac{\upsilon U/L^2}{\Omega U}\sim\frac{\text{特征黏性力}}{\text{特征偏向力}} \tag{6.18}$$

并且 $Ek=\frac{Ro}{Re}$,式中 $Re=\frac{U^2}{L}\Big/\upsilon\frac{U}{L^2}$ 为雷诺数。由(6.18)式可知,Ek 是特征黏性力和特征偏向力之比,它反映了旋转流体中黏性的相对重要性。对于一般的流体力学,通常在流体边界层内考虑流体的黏性。对于旋转流体,流体边界层受到旋转影响而成为埃克曼层(实际上就是旋转流体的边界层)。

3. 旋转流体的弗劳德数 Fr

$$Fr=\frac{\Omega^2 L}{g}=\frac{(\Omega L)^2/L}{g}\sim\frac{\text{特征旋转惯性力}}{\text{特征重力}} \tag{6.19}$$

它与一般流体的弗劳德数 $Fr=\frac{U^2/L}{g}$ 相比较可知,旋转流体的弗劳德数反映了旋转作用和重力作用的相对重要性。

4. 旋转流体的特征压力

在本节引入特征值时,曾指出流体压力差的特征值可取两种不同的尺度 $\rho_0 U^2$、$\rho_0\Omega^2 L^2$,我们选取了最大有效尺度 $\rho_0\Omega^2 L^2$ 作为压力差的尺度。由于流体运动的一个基本特征,就是流动和压力分布是互为因果相互制约的。对于非旋转流体,经常取欧拉数 Eu 等于 1,即:

$$Eu=\frac{\Delta P/\rho L}{U^2/L}=1$$

其中 ΔP 为特征压差值,由此可得:

$$\Delta P=\rho U^2 \tag{6.20}$$

对于旋转流体,其特征压差值视转动情况而定。例如,旋转效应强时,即 $Ro\ll 1$ 时,本节开始曾经取特征压力差为:

$$\Delta P=\rho\,\Omega^2 L^2 \tag{6.21}$$

此式与(6.20)式相比较,ΩL 相当于 U。这意味着,流体特征压差不但与流速有关,且旋转强烈时,它与旋转 Ω 所引起的特征线速度 ΩL 有关。倘若把非旋转流体的特征压差表达式(6.20)当做 $Ro\gg 1$ 时的特征压差表达式,则两者合并为:

$$\Delta P=\begin{cases}\rho U^2 & Ro\gg 1\\ \rho\,\Omega^2 L^2 & Ro\ll 1\end{cases} \tag{6.22}$$

6.3 普鲁德曼—泰勒定理

旋转与非旋转流体动力学的本质差别在于偏向力的作用。为了突出这种本质的差别,下面我们着重讨论偏向力起重要作用的流体运动。在此种运动流体中,我们可以推导出普鲁德曼—泰勒定理。

普鲁德曼—泰勒定理：不可压缩流体，在有势力作用下的准定常缓慢运动，由于强旋转效应，其速度将与垂直坐标无关，即流动趋于两维化(流动是水平的、二维的)。

下面来证明该定理。由于强的旋转效应，则在流体运动中偏向力起到重要的作用，此时，在运动方程中，偏向力项远远大于运动的惯性项和黏性项。即：

$$\begin{cases} Ro \to 0 \\ \dfrac{RoL}{UT} \to 0 \\ Ek = \dfrac{Ro}{Re} \to 0 \end{cases} \tag{6.23}$$

其中，由于流体运动是准定常缓慢运动，则$\frac{\partial}{\partial t'} \to 0$，于是，无量纲方程(6.16)简化为：

$$2\boldsymbol{l}' \times \boldsymbol{V}' = \frac{1}{Ro}\left(-\frac{1}{\rho'}\nabla' p' + \frac{1}{Fr}\boldsymbol{g}'\right) \tag{6.24}$$

考虑压力梯度力项，倘若流体是不可压缩流体，则 $\rho' = \text{const}$，那么：

$$-\frac{1}{\rho'}\nabla' p' = -\nabla'\left(\frac{p'}{\rho'}\right) \tag{6.25}$$

流体的压力梯度项可以表示为其函数的梯度形式。由于在有势力的作用下，重力项可表示为：

$$\frac{1}{Fr}\boldsymbol{g}' = -\nabla' \frac{z'}{Fr} \tag{6.26}$$

流体的重力项也可表示为梯度的形式。那么，无量纲方程(6.24)变为：

$$2\boldsymbol{l}' \times \boldsymbol{V}' = \frac{1}{Ro}\left[-\nabla' F(p') - \nabla' \frac{z'}{Fr}\right] \tag{6.27}$$

对上式取旋度，则方程变成：

$$\nabla' \times (\boldsymbol{l}' \times \boldsymbol{V}') = 0$$

由矢量公式：

$$\nabla \times (\boldsymbol{a} \times \boldsymbol{b}) = (\boldsymbol{b} \cdot \nabla)\boldsymbol{a} - (\boldsymbol{a} \cdot \nabla)\boldsymbol{b} + \boldsymbol{a}(\nabla \cdot \boldsymbol{b}) - \boldsymbol{b}(\nabla \cdot \boldsymbol{a})$$

可知，

$$\nabla' \times (\boldsymbol{l}' \times \boldsymbol{V}') = (\boldsymbol{V}' \cdot \nabla')\boldsymbol{l}' - (\boldsymbol{l}' \cdot \nabla')\boldsymbol{V}' + \boldsymbol{l}'(\nabla' \cdot \boldsymbol{V}') - \boldsymbol{V}'(\nabla' \cdot \boldsymbol{l}')$$

由于 $\boldsymbol{l}'$是常矢量，上面方程右端的第一和第四项为零，以及不可压缩流体的连续方程，即$\nabla' \cdot \boldsymbol{V}' = 0$，上面方程右端的第三项为零。则最后方程简化为：

$$(\boldsymbol{l}' \cdot \nabla')\boldsymbol{V}' = 0 \tag{6.28}$$

在笛卡尔坐标系中，取 z 为与旋转轴平行的坐标，则上式简化为：

$$\begin{cases} (\boldsymbol{k}' \cdot \nabla')\boldsymbol{V}' = 0 \\ \dfrac{\partial \boldsymbol{V}'}{\partial z'} = 0 \end{cases} \tag{6.29}$$

考虑平坦边界条件，有 $z'=0$ 处，$w'=0$。因此，在任何高度上都存在：

$$\begin{cases} \dfrac{\partial u'}{\partial t} = \dfrac{\partial v'}{\partial t} = 0 \\ w' = 0 \end{cases} \tag{6.30}$$

这表明流动在旋转轴方向上保持恒定，意味着三维稳定的旋转均匀的慢速流动可以在二维中描述。这个结论首先于1916年由普鲁德曼(Proudman)导出，1923年泰勒(Taylor)进行了实验验证，所以我们将其称为普鲁德曼—泰勒定理。

泰勒的试验包括一个封闭的盛有流体的旋转的柱状容器，底部放有一个小的圆柱体(高度仅为液体高度的一小部分)。这个容器以很高的频率旋转。一旦流体形成刚体自转，沿着容器底部拖动小圆柱体，然后向流体喷射染料。在一个非旋转容器中，染料自由移动到流体的任意位置。但是，在旋转容器中，圆柱体以上的流体跟着底部圆柱体一起移动，而流体柱以外的流体从两侧绕流体柱运动。该流体柱被称为泰勒柱(如图6.4所示)。

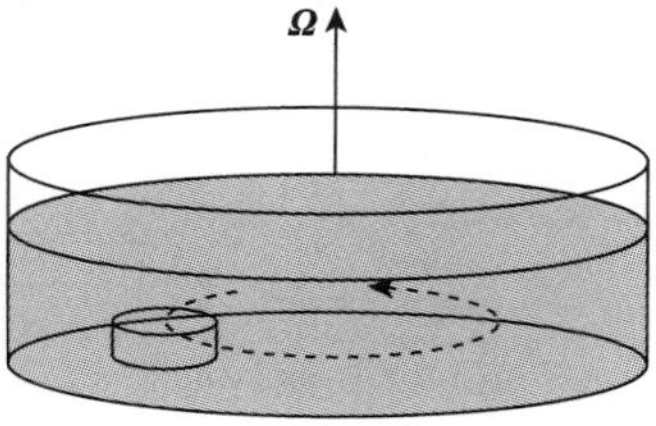

图6.4 泰勒柱试验示意图

6.4 地转流动

当旋转流体运动中偏向力作用为主要的作用项时，相对加速度项和黏性项可以忽略不计，则它的无量纲方程可以表示为：

$$2\boldsymbol{l}' \times \mathbf{V}' = \frac{1}{Ro}\left(-\frac{1}{\rho'}\nabla' p' + \frac{1}{Fr}\mathbf{g}'\right) \tag{6.31}$$

相应地，有量纲方程可以表示为：

$$-\frac{1}{\rho}\nabla p + \boldsymbol{g} - 2\boldsymbol{\Omega} \times \mathbf{V} = 0 \tag{6.32}$$

把由上式所控制的流体运动称之为地转运动。

在旋转地球表面上的局地直角坐标系中，其 x 轴与纬圈相切，正方向指向东，y 轴与经圈相切，正方向指向北，z 轴与地面垂直，正方向指向天顶，如图6.5所示。

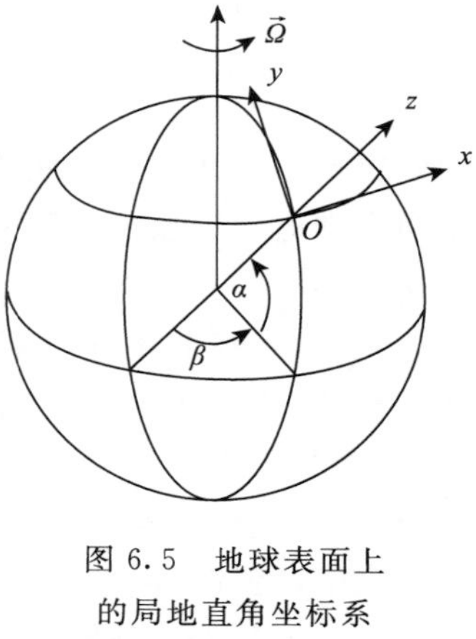

图6.5 地球表面上的局地直角坐标系

地球角速度矢 $\boldsymbol{\Omega}$ 的分量形式可以表示为：

$$\boldsymbol{\Omega} = \Omega\cos\alpha\boldsymbol{j} + \Omega\sin\alpha\boldsymbol{k} \tag{6.33}$$

而重力项则具有如下形式：

$$\boldsymbol{g} = -g\boldsymbol{k} \tag{6.34}$$

运动方程(6.32)其分量形式可以表示为：

$$\begin{cases}\dfrac{\partial p}{\partial x} = 2\rho\,\Omega v\sin\alpha - 2\rho\,\Omega w\cos\alpha \\ \dfrac{\partial p}{\partial y} = -\,2\rho\,\Omega u\sin\alpha \\ \dfrac{\partial p}{\partial z} = 2\,\rho\,\Omega u\cos\alpha - \rho g\end{cases} \tag{6.35}$$

设垂直加速度为小量，以及平坦地面上 w 必须为零的条件，因此 w 必须是小量。因此，(6.35)式中第一式的最后一项是小量，可以忽略，而且第三式右端的第一项与 $-\rho g$ 项相比也是小项，可以略去。在这些条件下，(6.35)式可以简化为：

$$\begin{cases}\dfrac{\partial p}{\partial x} \cong \rho f v \\ \dfrac{\partial p}{\partial y} = -\,\rho f u \\ \dfrac{\partial p}{\partial z} \cong -\,\rho g\end{cases} \tag{6.36}$$

其中 $f=2\Omega\sin\alpha$。(6.36)第三式就是流体垂直方向上的静力平衡表达式。(6.36)第一、二式就是气象中常用的地转运动表达式。在水平方向上有：

$$-\frac{1}{\rho}\,\boldsymbol{\nabla}_h p - f\boldsymbol{k}\times\boldsymbol{V}_h = 0 \tag{6.37}$$

地转流体表示为水平压力梯度力与水平科氏力相平衡的运动，其中下标 h 表示水平方向。

由(6.37)式可知：

$$\boldsymbol{V}_h = \frac{1}{\rho f}\boldsymbol{k}\times\boldsymbol{\nabla}_h p \tag{6.38}$$

地转运动是惯性力项比地转偏向力小得多的准平衡定常运动。地转运动中压力梯度力和地转偏向力相平衡。由于地转偏向力总是跟流动方向相垂直，且在北半球顺着流动的方向偏向右侧，(6.38)式表明流动方向也跟压力梯度相垂直，顺着等压线流动(图 6.6)。这就是说，在旋转流体中，流体不是沿着压力梯度方向从流体压力高值区流向低值区。

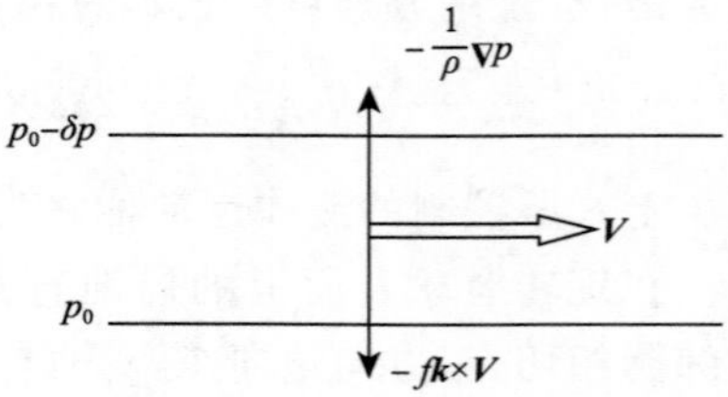

图 6.6　地转平衡示意图(北半球)

在北半球倘若等压线闭合，如果存在低压中心时，压力梯度力从外指向低压中心，则根据地转平衡原理，地转偏向力则从低压中心指向外，那么，地转风沿着等压线运动并呈逆时针旋转，将其称为气旋式环流(图 6.7(a))；相反，如果闭合中心为高压时，将存在反气旋式环流(图 6.7(b))。

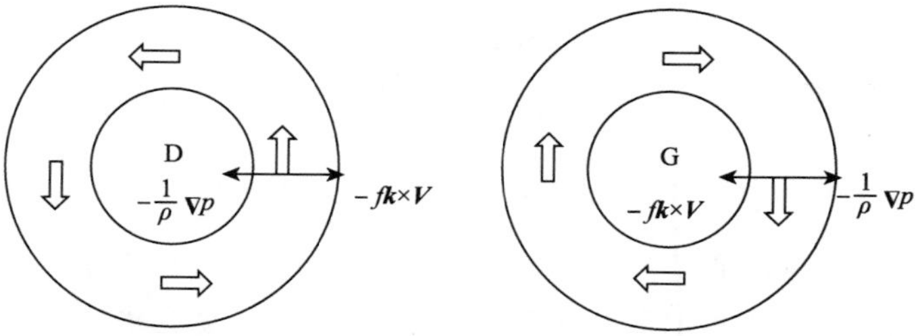

图 6.7 闭合等压线地转平衡示意图(北半球)

6.5 小结与例题

6.5.1 小结

本章主要介绍旋转流体运动方程的建立,在此基础上,导出地转偏向力并描述其物理含义,还讨论了旋转流体与一般流体运动的本质差别。通过旋转流体运动方程推出其无量纲方程,引入旋转流体特征无量纲数,并证明普鲁德曼—泰勒定理。最后,介绍地转流动的概念及其描述方程,给出地转流动的应用实例。

6.5.2 例题

例 6.1 假设地球为球状,试计算平均海平面上地心引力与重力之间的夹角,夹角最大可能值为多少?

解:如右图所示,设 δ 为单位质量的地球引力 $\boldsymbol{F}$ 与重力 $\boldsymbol{g}$ 的夹角,$\boldsymbol{C}_e$ 为(地转)惯性离心力。由三角形的正弦定理可知:

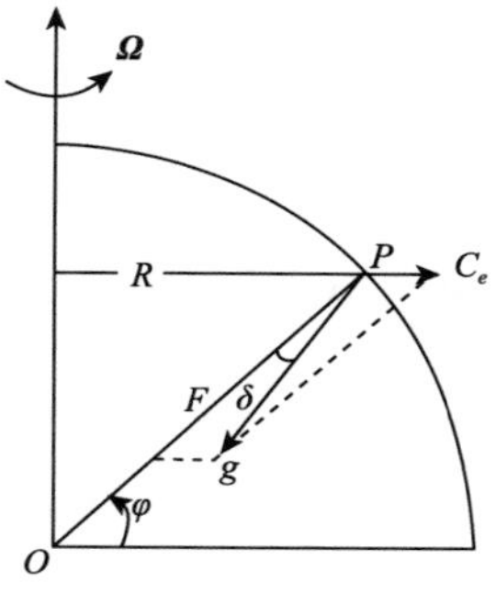

$$\sin\delta = \frac{C_e}{g}\sin\varphi$$

又

$$C_e = \Omega^2 R = \Omega^2 a\cos\varphi$$

式中 a 为地球半径。则:

$$\sin\delta = \frac{\Omega^2 a}{g}\cos\varphi\sin\varphi = \frac{\Omega^2 a}{2g}\sin 2\varphi$$

从上式可以看出,$\sin\delta$ 或 δ 随纬度 φ 而变,当 $\varphi=0°$和 $\varphi=90°$时,$\delta=0°$(从物理上很容易理解这一点,因为在极地惯性离心力等于零,在赤道惯性离心力恰好与地球引力方向相反之故),而当 $0°<\varphi<90°$时,$\delta\neq0°$。δ 最大值所在的纬度,显然是 45°,且

$$\sin\delta_{最大} = \frac{\Omega^2 a}{2g}$$

将已知数据代入上式,算出:

$$\delta_{最大} = \arcsin\frac{\Omega^2 a}{2g} = 5.9'。$$

例 6.2 一人造卫星经过赤道时飞行方向与赤道成 60°角。其相对速度为 6 km/s,试求通过赤道上空时其科氏加速度。(设相对速度为水平速度)

解:当人造地球卫星在赤道上空时,速度可分解为:

$$\mathbf{V} = \mathbf{V}_h = V_h\cos\alpha\boldsymbol{i} + V_h\sin\alpha\boldsymbol{j}$$

式中 α 为倾角,$\mathbf{V}_h$ 表示水平速度。这时由于

$$\boldsymbol{\Omega} = \Omega\boldsymbol{j}$$

则科氏加速度为:

$$\boldsymbol{C} = 2\boldsymbol{\Omega}\times\mathbf{V} = 2\Omega V_h\cos\alpha\boldsymbol{j}\times\boldsymbol{i} + 2\Omega V_h\sin\alpha\boldsymbol{j}\times\boldsymbol{j} = -2\Omega V_h\cos\alpha\boldsymbol{k}$$

令 $V_h=6\times10^3$ m/s,$\alpha=60°$,则科氏加速度为:

$$C = 2\Omega V_h\cos\alpha = 0.44\ \text{m/s}^2$$

其方向垂直于赤道地面指向地心。

例 6.3 证明在旋转直角坐标系中,流体质点的涡度值为常数,理想不可压流体的二维定常流动中伯努利方程为:

$$\frac{p}{\rho} + \frac{V^2}{2} + \Phi - \frac{\Omega^2 r^2}{2} - (\zeta + 2\Omega)\varphi = 常数$$

式中,Ω 为旋转坐标的旋转角速度,Φ 为质量力的位势,ζ 为涡度,φ 为流函数。

解:据题意,流体是二维的,在旋转直角坐标系中,其运动方程的分量形式为:

$$\begin{cases} \dfrac{du}{dt} - 2\Omega v = -\dfrac{\partial P}{\partial x} + \upsilon\nabla^2 u \\ \dfrac{dv}{dt} + 2\Omega u = -\dfrac{\partial P}{\partial y} + \upsilon\nabla^2 v \end{cases}$$

其中 $P=\dfrac{p}{\rho}+\Phi-\dfrac{1}{2}\Omega^2 r^2$。

考虑到流动是定常的,故

$$\frac{\mathrm{d}\mathbf{V}}{\mathrm{d}t} = (\mathbf{V}\cdot\boldsymbol{\nabla})\mathbf{V} = \boldsymbol{\nabla}\left(\frac{V^2}{2}\right) - \mathbf{V}\times(\boldsymbol{\nabla}\times\mathbf{V}) = \boldsymbol{\nabla}\left(\frac{V^2}{2}\right) - \mathbf{V}\times(\zeta\boldsymbol{k})$$

因而,上式可以改写成:

$$\begin{cases} -(\zeta + 2\Omega)v = -\dfrac{\partial}{\partial x}\left(\dfrac{p}{\rho} + \dfrac{V^2}{2} + \Phi - \dfrac{\Omega^2 r^2}{2}\right) \\ (\zeta + 2\Omega)u = -\dfrac{\partial}{\partial y}\left(\dfrac{p}{\rho} + \dfrac{V^2}{2} + \Phi - \dfrac{\Omega^2 r^2}{2}\right) \end{cases}$$

因为是不可压缩流体的二维流动，故可引入流函数：

$$\begin{cases} u = -\dfrac{\partial \varphi}{\partial y} \\ v = \dfrac{\partial \varphi}{\partial x} \end{cases}$$

以上方程组则又可改写为：

$$\begin{cases} \dfrac{\partial}{\partial x}\left[\dfrac{p}{\rho} + \dfrac{V^2}{2} + \Phi - \dfrac{\Omega^2 r^2}{2} - (\zeta + 2\Omega)\varphi\right] = 0 \\ \dfrac{\partial}{\partial y}\left[\dfrac{p}{\rho} + \dfrac{V^2}{2} + \Phi - \dfrac{\Omega^2 r^2}{2} - (\zeta + 2\Omega)\varphi\right] = 0 \end{cases}$$

于是证得：

$$\frac{p}{\rho} + \frac{V^2}{2} + \Phi - \frac{\Omega^2 r^2}{2} - (\zeta + 2\Omega)\varphi = \text{常数}$$

它比一般非旋转流体的伯努利方程多了由于旋转所产生的$-\dfrac{\Omega^2 r^2}{2}$和 $2\Omega\varphi$ 项。

例 6.4 试求不可压二维地转流单位时间通过等压线 $P=P_1$ 和 $P=P_2$ 上的任意两点 M 和 N 之间流量(单位垂直厚度)。假定科氏参数 $f=2\Omega\sin\alpha$ 和密度 ρ 可近似地取为常数。

解：由题意条件 ρ 和 f 均为常数，故可引入地转流函数 $\varphi_g = p/\rho f$，于是地转风 $\mathbf{V}_g$ 可表示成：

$$\mathbf{V}_g = \boldsymbol{k} \times \nabla \varphi_g$$

据流函数的性质，两点的流函数之差等于过此二点连线的流量，而与连线的形状无关，因此有：

$$Q = \frac{1}{\rho f}\left[P_{(M)} - P_{(N)}\right]。$$

习题 6

习题 6.1 试指出空气微团在以下几种运动中所受的科氏力的方向：

(1)沿赤道向东运动；

(2)在赤道向北运动；

(3)在赤道作铅直向上运动。

习题 6.2 设 $O'-x'y'z'$ 是一惯性坐标系，$O-xyz$ 是固定在地球上随地球一起旋转的旋转坐标系，f 是一标量场，惯性坐标系中 $f=f(x',y',z',t)$，全导数为：

$$\frac{\mathrm{d}_a f}{\mathrm{d}t} = \left(\frac{\partial f}{\partial t}\right)_a + \mathbf{V}_a \cdot \widetilde{\nabla}_3 f$$

其中，$\left(\frac{\partial f}{\partial t}\right)_a$ 是惯性坐标系中固定点上 f 随时间的变化率，$\boldsymbol{V}_a$ 是绝对速度，$-\widetilde{\boldsymbol{\nabla}}_3 f$ 是惯性坐标系中梯度；旋转坐标系中 $f=f(x,y,z,t)$，全导数为：

$$\frac{\mathrm{d}_r f}{\mathrm{d}t}=\left(\frac{\partial f}{\partial t}\right)_r+\boldsymbol{V}_3\cdot\boldsymbol{\nabla}_3 f$$

其中，$\left(\frac{\partial f}{\partial t}\right)_r$ 是旋转坐标系中固定点上 f 随时间的变化率，$\boldsymbol{V}_3$ 是相对速度，试用数学方法证明：

$$\frac{\mathrm{d}_a f}{\mathrm{d}t}=\frac{\mathrm{d}_r f}{\mathrm{d}t}$$

即一标量场的全导数与参考坐标系无关。

习题 6.3 一物体在 45°N 地方从 100 m 高度上自由下落，若不计空气阻力，只考虑重力和科氏力作用，试求着地时物体偏移的方向和距离。

习题 6.4 一物体在纬度 φ 处以初速度 ω_0 被铅直上抛，若不计空气阻力，试证明，当它返回原高度时，向西偏移的距离为：

$$\frac{4\Omega\omega_0^3\cos\varphi}{3g^2}$$

并从物理上分析向西偏移的原因。

习题 6.5 证明在旋转直角坐标系中，理想不可压流体定常流动的伯努利方程为：

$$\frac{p}{\rho}+\frac{V^2}{2}+\Phi-\frac{\Omega^2 r^2}{2}=\text{常数（沿流线）}$$

式中，Ω 为旋转坐标的旋转角速度，Φ 为质量力的位势。

习题 6.6 假设在比例为 1∶10^7 的地图上，相差 2.5 hPa 相邻两等压线之间的距离为 4.5 cm，又已知气温为 10℃，气压为 1025 hPa。试计算出纬度 45°处的地转气流的速度，该处地球自转角速度为 $7.29\times10^{-5}\ \mathrm{s}^{-1}$。

第7章 湍　　流

湍流运动问题是流体力学中的一个极难解决的难题。到目前为止，为了解决实际工程问题，在很大程度上还是依赖于实验研究或基于实验结果的半经验理论以及数值计算结果。本章仅对湍流流动的一些基本概念和基本方法作概要的介绍。需要进一步深入研究的读者请再参考专门的文献和资料。

7.1 湍流概述

7.1.1 雷诺实验

1883 年英国物理学家雷诺在圆管中进行试验，发现了两种明显的流动状态：层流和湍流。具体如图 7.1 和 7.2 所示。

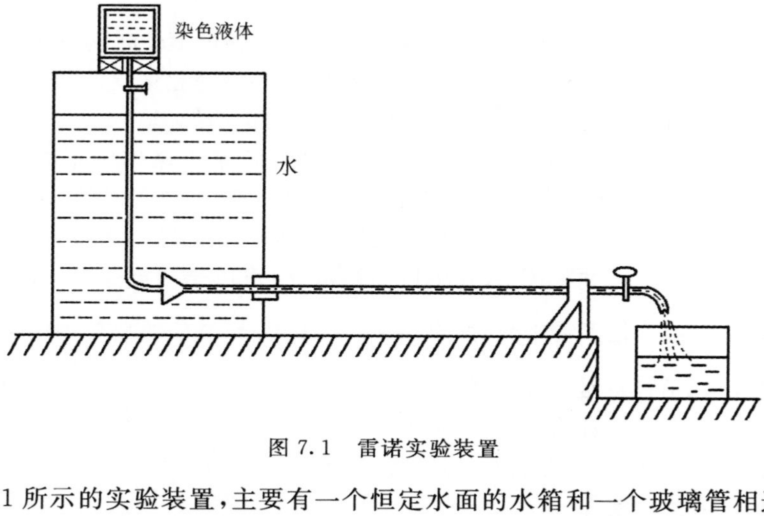

图 7.1　雷诺实验装置

图 7.1 所示的实验装置，主要有一个恒定水面的水箱和一个玻璃管相连，且在玻璃管轴心处安置一个带颜色液体的喷嘴。若管中水流速度较小时，管中轴心呈现清晰可见的线状颜色液体线，且颜色液体线与管轴心重合或平行管壁(图 7.2(a))，该流态称为层流状态，即流体质点是以平行流或片状流，且层与层之间是互不混杂的方

式运动或流动，称为层流运动；若增大管内流速，发现线状的颜色液体线开始弯曲，以波状形态向下游运动(图 7.2(b))；当管内流速继续增大，并超过某一临界值时，发现颜色液体离开喷嘴后，立刻与管中四周的水体掺和，且原呈现清晰可见的线状颜色液体线已不复存在(图 7.2(c))，该流态称为湍流状态，即流体质点的轨迹极为紊乱，流体质点之间相互混杂、相互交错与碰撞的不规则运动，称为湍流运动。

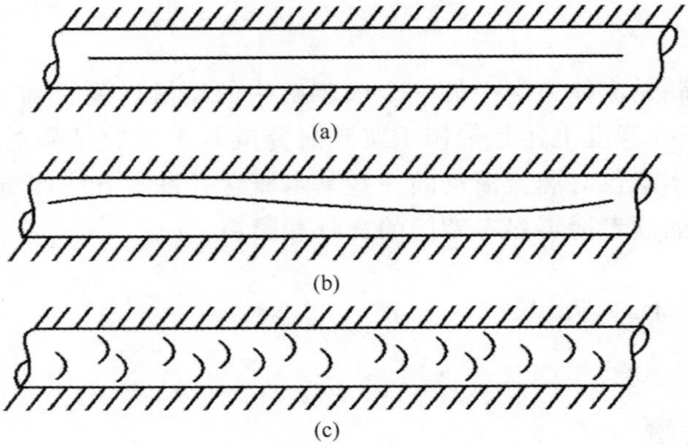

图 7.2　圆管中三种流动状态

7.1.2　流态判别

当流态从层流转化为湍流时，即雷诺数达到上临界值 Re_c 时就发生层流转化为湍流的质变过程，其对应的流速称作为上临界流速，该流速是由层流转化为湍流状态时的临界流速；而且该临界值并非固定不变，它与外部扰动环境密切相关。但实验证明，临界值 Re_c 有一下临界值大约为 2000，其对应的流速称作为下临界流速。当 $Re \leqslant 2000$ 时，管内的流动始终保持稳定的层流状态。只有当雷诺数 Re 大于上临界雷诺数时，才出现充分发展的湍流。当雷诺数 Re 处于上下界雷诺数之间时，流体的运动形态处于不稳定的过渡状态，它可以是层流，也可以是湍流运动。因此，流体运动的流态判别采用下临界雷诺数，即 $Re=\dfrac{Ud}{\upsilon}=2000$，其中 U 为管流中的平均流速，d 为圆管直径，υ 为流体的运动学黏性系数。流体运动的流态与管径、流体种类、流体温度及流体流速有关。除圆管外，在平板附近的边界层内也存在着两种不同流动形态及其转化过程。和圆管情况相似，边界层临界雷诺数也不是一个固定常数值，它依赖于实验的外部扰动条件。

7.1.3　湍流的性质

湍流是自然界和工程实际中存在最普遍的一种流体运动，无论是江、河、海洋中的水流还是大气中的环流，无论是管渠流动还是边界层内的流动，多半都属于湍流运动状态。因此，研究湍流运动的重要性是十分重要的。

湍流理论研究主要是讨论两方面的问题：(1)研究湍流产生的机理；(2)研究已经形成的湍流运动规律及计算。本章主要讨论第二类问题。

我们知道，湍流运动是极不规则、不稳定的，且每一点的速度随时间和空间都是随机地变化的。对于这类随机运动现象，人们对每点的真实速度并不感兴趣，而把注意力集中在平均运动上。我们把流场中任一点的瞬时物理量看做是平均值和脉动值之和，然后应用统计平均的方法从纳维—斯托克斯方程出发，来研究平均运动的变化规律。实际中，我们感兴趣的和实验测量出来的物理量(如速度、压力等)也都是平均意义下的数值，因此，这样的处理方法完全能满足实际工程问题的需要。下面我们对物理量的平均值定义，平均运算法则进行讨论。

7.1.4 平均值的定义和运算法则

对物理量做平均化运算时，常采用的平均值方法有三种：时间平均、空间平均、系综平均或统计平均。本章着重讨论时间平均法，这是由于时间的平均值比较容易通过实验测量，加以验证。因此，本章我们仅对时间的平均方法进行讨论。为方便起见，这里仅考虑一维流动，对于任一物理量 $A(x,t)$，在固定空间点 x 上，以某一瞬时 t 为中心，在时间间隔 T 内求时间平均值 $\overline{A}(x,t)$，则有：

$$\overline{A}(x,t)=\frac{1}{T}\int_{t-\frac{T}{2}}^{t+\frac{T}{2}}A(x,t')\mathrm{d}t' \tag{7.1}$$

其中 T 为平均周期(图 7.3)，它是一个适当常数。一方面它应比湍流的脉动周期大得多，以便能得到稳定的平均值；另一方面又要比流动做非定常运动时的特征时间小得多，以免经平均后物理量时间变化的主要趋势被平滑掉。引进平均物理量 $\overline{A}(x,t)$ 后，$A(x,t)$可表示成如下式子：

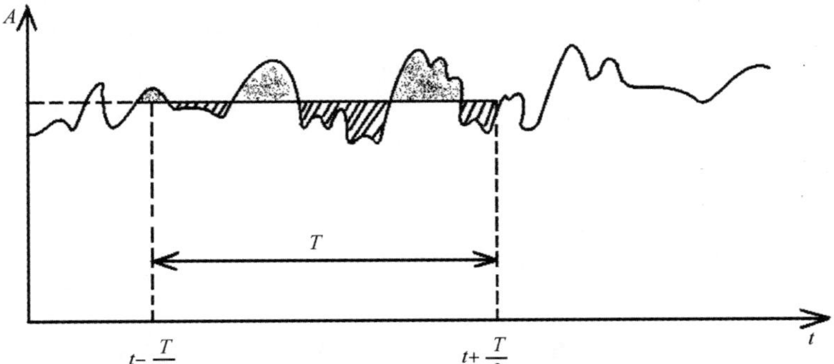

图 7.3 时间平均示意图

$$A = \overline{A} + A' \tag{7.2}$$

其中 A' 为物理量相对于平均值 $\overline{A}$ 而言的脉动值。

平均化运算具有下列法则：

(1) $\overline{\overline{A}} = \overline{A}$ (7.3)

若平均值 $\overline{A}$ 与时间无关，即平均运动是定常的。若 $\overline{A}$ 依赖于时间，则由于平均周期 T 比特征时间小得很多，因此，在这段时间内可以近似地认为 $\overline{A}$ 不改变。这样我们有 $\overline{\overline{A}} = \overline{A}$。

(2) $\overline{\overline{A} \cdot B} = \overline{A} \cdot \overline{B}$ (7.4)

$$\overline{\overline{A} \cdot B} = \frac{1}{T}\int_{t-\frac{T}{2}}^{t+\frac{T}{2}} \overline{A} \cdot B\mathrm{d}t'$$

因为 $\overline{A}$ 在平均周期 T 内可以认为恒定不变，于是

$$\overline{\overline{A} \cdot B} = \overline{A} \cdot \frac{1}{T}\int_{t-\frac{T}{2}}^{t+\frac{T}{2}} B\mathrm{d}t' = \overline{A} \cdot \overline{B}$$

(3) $\overline{A + B} = \overline{A} + \overline{B}$ (7.5)

$$\overline{A + B} = \frac{1}{T}\int_{t-\frac{T}{2}}^{t+\frac{T}{2}} (A + B)\mathrm{d}t' = \frac{1}{T}\int_{t-\frac{T}{2}}^{t+\frac{T}{2}} A\mathrm{d}t' + \frac{1}{T}\int_{t-\frac{T}{2}}^{t+\frac{T}{2}} B\mathrm{d}t' = \overline{A} + \overline{B}$$

(4) $\overline{A'} = 0$ (7.6)

由(7.2)式得 $A' = A - \overline{A}$，于是由(7.5)式及(7.3)式得：

$$\overline{A'} = \overline{A - \overline{A}} = \overline{A} - \overline{\overline{A}} = \overline{A} - \overline{A} = 0$$

(5) $\overline{A \cdot B} = \overline{A} \cdot \overline{B} + \overline{A' \cdot B'}$ (7.7)

$$\overline{A \cdot B} = \overline{(\overline{A} + A') \cdot (\overline{B} + B')} = \overline{(\overline{A} \cdot \overline{B} + \overline{A} \cdot B' + \overline{B} \cdot A' + A' \cdot B')}$$

$$= \overline{\overline{A} \cdot \overline{B}} + \overline{\overline{A} \cdot B'} + \overline{A' \cdot \overline{B}} + \overline{A' \cdot B'} = \overline{A} \cdot \overline{B} + \overline{A' \cdot B'}$$

(6) $\overline{\dfrac{\partial A}{\partial x}} = \dfrac{\partial \overline{A}}{\partial x}, \overline{\dfrac{\partial A}{\partial y}} = \dfrac{\partial \overline{A}}{\partial y}, \overline{\dfrac{\partial A}{\partial z}} = \dfrac{\partial \overline{A}}{\partial z}$ (7.8)

$$\overline{\frac{\partial A}{\partial x}} = \frac{1}{T}\int_{t-\frac{T}{2}}^{t+\frac{T}{2}} \frac{\partial A}{\partial x}\mathrm{d}t' = \frac{\partial}{\partial x}\left(\frac{1}{T}\int_{t-\frac{T}{2}}^{t+\frac{T}{2}} A\mathrm{d}t'\right) = \frac{\partial \overline{A}}{\partial x}$$

同理可证其余的两个表达式。

(7) $\overline{\dfrac{\partial A}{\partial t}} = \dfrac{\partial \overline{A}}{\partial t}$ (7.9)

7.2 湍流平均运动方程和雷诺应力

湍流运动是一种非定常的极其复杂的运动状态，它与强迫或人为造成的非定常运动现象不同，这是由于它是自然产生的，所以，偶然因素很大程度上是随机的。即使目前计算机的运行速度已经相当快速，但要想通过数值求解纳维—斯托克斯(简称为 N-S)

方程来获得任意空间的湍流运动规律，几乎是不可能的。但在工程实际中，湍流运动又是普遍存在的，而且在具体工程实用时也没有必要知道每个流体质点的不规则随机运动现象，只要弄清楚流体的平均运动就足够满足工程实际的需要。本节将从连读性方程、纳维—斯托克斯方程出发，并利用平均化运算的法则，推导平均物理量满足的控制方程组。

7.2.1 连续性方程

为方便起见，我们这里仅讨论在笛卡儿坐标系中的不可压缩流体运动的连续性方程：

$$\frac{\partial u}{\partial x}+\frac{\partial v}{\partial y}+\frac{\partial w}{\partial z}=0 \tag{7.10}$$

且不可压缩流体的连续性方程矢量式为$\nabla \cdot \mathbf{V}=0$，其中 $\boldsymbol{V}=\{u,v,w\}^T$。

以 $u=\bar{u}+u'$，$v=\bar{v}+v'$，$w=\bar{w}+w'$代入上式，可得

$$\left(\frac{\partial \bar{u}}{\partial x}+\frac{\partial \bar{v}}{\partial y}+\frac{\partial \bar{w}}{\partial z}\right)+\left(\frac{\partial u'}{\partial x}+\frac{\partial v'}{\partial y}+\frac{\partial w'}{\partial z}\right)=0 \tag{7.11}$$

对(7.11)式求平均，并利用平均化运算法则可得：

$$\frac{\partial \bar{u}}{\partial x}+\frac{\partial \bar{v}}{\partial y}+\frac{\partial \bar{w}}{\partial z}=0 \tag{7.12}$$

再将(7.11)式减去(7.12)式得：

$$\frac{\partial u'}{\partial x}+\frac{\partial v'}{\partial y}+\frac{\partial w'}{\partial z}=0 \tag{7.13}$$

从上述各式可知，不可压缩流体做湍流运动时，其平均速度和脉动速度均各自满足散度为零，其平均速度和脉动速度的散度为零，矢量表达式如下：

$$\nabla \cdot \overline{\mathbf{V}}=0 \tag{7.14}$$

$$\nabla \cdot \mathbf{V}'=0 \tag{7.15}$$

其中$\overline{\mathbf{V}}=\{\bar{u},\bar{v},\bar{w}\}^T$，$\mathbf{V}'=\{u',v',w'\}^T$。

7.2.2 湍流的平均运动方程——雷诺方程

现在我们从纳维—斯托克斯方程出发，利用平均化运算法则，推导出湍流的平均运动方程，即雷诺方程。为简单起见，我们仅考虑不可压缩流体的运动情况，并假设质量力为零或忽略不计，此时，纳维—斯托克斯方程具有下列形式：

$$\begin{cases}\dfrac{\partial u}{\partial t}+u\dfrac{\partial u}{\partial x}+v\dfrac{\partial u}{\partial y}+w\dfrac{\partial u}{\partial z}=-\dfrac{1}{\rho}\dfrac{\partial p}{\partial x}+\upsilon\nabla^2 u\\[2ex]\dfrac{\partial v}{\partial t}+u\dfrac{\partial v}{\partial x}+v\dfrac{\partial v}{\partial y}+w\dfrac{\partial v}{\partial z}=-\dfrac{1}{\rho}\dfrac{\partial p}{\partial y}+\upsilon\nabla^2 v\\[2ex]\dfrac{\partial w}{\partial t}+u\dfrac{\partial w}{\partial x}+v\dfrac{\partial w}{\partial y}+w\dfrac{\partial w}{\partial z}=-\dfrac{1}{\rho}\dfrac{\partial p}{\partial z}+\upsilon\nabla^2 w\end{cases} \tag{7.16}$$

利用连续性方程(7.10)式，则方程组(7.16)式可改写为：

$$\begin{cases}\dfrac{\partial u}{\partial t}+\dfrac{\partial u^2}{\partial x}+\dfrac{\partial uv}{\partial y}+\dfrac{\partial uw}{\partial z}=-\dfrac{1}{\rho}\dfrac{\partial p}{\partial x}+\upsilon\nabla^2 u\\ \dfrac{\partial v}{\partial t}+\dfrac{\partial uv}{\partial x}+\dfrac{\partial v^2}{\partial y}+\dfrac{\partial vw}{\partial z}=-\dfrac{1}{\rho}\dfrac{\partial p}{\partial y}+\upsilon\nabla^2 v\\ \dfrac{\partial w}{\partial t}+\dfrac{\partial uw}{\partial x}+\dfrac{\partial vw}{\partial y}+\dfrac{\partial w^2}{\partial z}=-\dfrac{1}{\rho}\dfrac{\partial p}{\partial z}+\upsilon\nabla^2 w\end{cases}\tag{7.17}$$

以 $u=\bar{u}+u'$，$v=\bar{v}+v'$，$w=\bar{w}+w'$ 代入方程组(7.17)式，并对方程组(7.17)式中各式的两边进行平均化运算，且利用(7.5)式、(7.7)式、(7.8)式及(7.9)式等平均化运算法则，我们可以得到下式：

$$\begin{cases}\dfrac{\partial\bar{u}}{\partial t}+\dfrac{\partial\bar{u}^2}{\partial x}+\dfrac{\partial\overline{uv}}{\partial y}+\dfrac{\partial\overline{uw}}{\partial z}+\dfrac{\partial\,\overline{u'^2}}{\partial x}+\dfrac{\partial\,\overline{u'v'}}{\partial y}+\dfrac{\partial\,\overline{u'w'}}{\partial z}\\ =-\dfrac{1}{\rho}\dfrac{\partial\bar{p}}{\partial x}+\upsilon\nabla^2\bar{u}\\ \dfrac{\partial\bar{v}}{\partial t}+\dfrac{\partial\overline{uv}}{\partial x}+\dfrac{\partial\bar{v}^2}{\partial y}+\dfrac{\partial\overline{vw}}{\partial z}+\dfrac{\partial\,\overline{u'v'}}{\partial x}+\dfrac{\partial\,\overline{v'^2}}{\partial y}+\dfrac{\partial\,\overline{v'w'}}{\partial z}\\ =-\dfrac{1}{\rho}\dfrac{\partial\bar{p}}{\partial y}+\upsilon\nabla^2\bar{v}\\ \dfrac{\partial\bar{w}}{\partial t}+\dfrac{\partial\overline{uw}}{\partial x}+\dfrac{\partial\overline{vw}}{\partial y}+\dfrac{\partial\bar{w}^2}{\partial z}+\dfrac{\partial\,\overline{u'w'}}{\partial x}+\dfrac{\partial\,\overline{v'w'}}{\partial y}+\dfrac{\partial\,\overline{w'^2}}{\partial z}\\ =-\dfrac{1}{\rho}\dfrac{\partial\bar{p}}{\partial z}+\upsilon\nabla^2\bar{w}\end{cases}\tag{7.18}$$

考虑到(7.12)式，方程组(7.18)式可改写成另一种形式，并把脉动项移至右边，最后我们获得下式：

$$\begin{cases}\rho(\dfrac{\partial\bar{u}}{\partial t}+\bar{u}\dfrac{\partial\bar{u}}{\partial x}+\bar{v}\dfrac{\partial\bar{u}}{\partial y}+\bar{w}\dfrac{\partial\bar{u}}{\partial z})\\ =-\dfrac{\partial\bar{p}}{\partial x}+\mu\nabla^2\bar{u}+\dfrac{\partial(-\rho\overline{u'^2})}{\partial x}+\dfrac{\partial(-\rho\overline{u'v'})}{\partial y}+\dfrac{\partial(-\rho\overline{u'w'})}{\partial z}\\ \rho(\dfrac{\partial\bar{v}}{\partial t}+\bar{u}\dfrac{\partial\bar{v}}{\partial x}+\bar{v}\dfrac{\partial\bar{v}}{\partial y}+\bar{w}\dfrac{\partial\bar{v}}{\partial z})\\ =-\dfrac{\partial\bar{p}}{\partial y}+\mu\nabla^2\bar{v}+\dfrac{\partial(-\rho\overline{u'v'})}{\partial x}+\dfrac{\partial(-\rho\overline{v'^2})}{\partial y}+\dfrac{\partial(-\rho\overline{v'w'})}{\partial z}\\ \rho(\dfrac{\partial\bar{w}}{\partial t}+\bar{u}\dfrac{\partial\bar{w}}{\partial x}+\bar{v}\dfrac{\partial\bar{w}}{\partial y}+\bar{w}\dfrac{\partial\bar{w}}{\partial z})\\ =-\dfrac{\partial\bar{p}}{\partial z}+\mu\nabla^2\bar{w}+\dfrac{\partial(-\rho\overline{u'w'})}{\partial x}+\dfrac{\partial(-\rho\overline{v'w'})}{\partial y}+\dfrac{\partial(-\rho\overline{w'^2})}{\partial z}\end{cases}\tag{7.19}$$

如果我们将上式和应力形式的运动方程对比：

$$\rho \frac{\mathrm{d}\overline{\boldsymbol{V}}}{\mathrm{d}t} = \mathrm{div}\overline{\boldsymbol{P}} \tag{7.20}$$

其中 $\overline{\boldsymbol{P}}$ 是应力张量，我们不难发现：

$$\overline{\boldsymbol{P}} = -\bar{p}\boldsymbol{I} + 2\mu\bar{\boldsymbol{S}} + \boldsymbol{P}' \tag{7.21}$$

其中，$\boldsymbol{I}$ 是单位张量，$\bar{\boldsymbol{S}}$ 是平均运动的形变速度张量；$\boldsymbol{P}'$ 是对称两阶张量，其表达式如下：

$$\boldsymbol{P}' = \begin{bmatrix} \tau'_{xx} & \tau'_{xy} & \tau'_{xz} \\ \tau'_{yx} & \tau'_{yy} & \tau'_{yz} \\ \tau'_{zx} & \tau'_{zy} & \tau'_{zz} \end{bmatrix} = \begin{bmatrix} -\rho\overline{u'^2} & -\rho\overline{u'v'} & -\rho\overline{u'w'} \\ -\rho\overline{u'v'} & -\rho\overline{v'^2} & -\rho\overline{v'w'} \\ -\rho\overline{u'w'} & -\rho\overline{v'w'} & -\rho\overline{w'^2} \end{bmatrix} \tag{7.22}$$

从上式我们看出，在湍流运动中除了平均运动的黏性应力外，还多了一项由于湍流脉动所引起的应力，这种附加应力称做湍流应力或雷诺应力。

综上所述，可得如下结论：如果我们在黏性力之外还附加上补充的湍流应力，则平均流动所满足的运动方程可以写成和黏性流体运动方程组相同的形式。平均流动所满足的方程组(7.19)式称为雷诺方程。

7.2.3 雷诺应力的物理意义

为简单起见，本文仅以 $x-y$ 平面为例来理解雷诺应力的物理意义，其基本思路是：单位时间内通过单位面积之动量流，可看做作用在该面元上的应力。根据上述原理，可清楚地解释 τ'_{yx} 的物理意义，如图 7.4 所示。

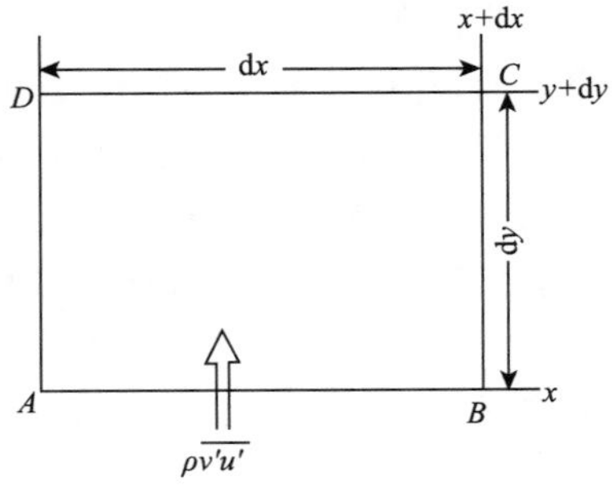

图 7.4 雷诺应力的物理解释

考虑厚度为 1、面积为 ABCD 的流体元量，由于湍流脉动，单位时间内从面元 AB 流进入体元的质量为 $\rho v'\mathrm{d}x$，它所带入的 x 方向的动量流为 $\rho v'u'\mathrm{d}x$，其时间平均值为 $\rho\overline{v'u'}\mathrm{d}x$，这就是下部流体(在 y 负方向一侧)通过 AB 面元对上部流体(在 y 正方向一侧)在 x 方向的作用力，即：

$$\tau'_{-yx} = \rho\overline{v'u'}$$

上式中左端第一个下标仍表示面元的外法向。根据牛顿第三定律 $\tau'_{-yx} = -\tau'_{yx}$，故有 $\tau'_{yx} = -\rho\overline{v'u'}$。这就是说，雷诺应力实质上是由于湍流脉动所引起的单位时间、单位面积上的动量流的平均值，也就是脉动运动所产生的附加应力。

这里我们应该强调指出，方程组(7.19)是不封闭的。方程组只包括三个分量的运动方程和一个连续性方程(7.12)，共四个方程，而方程组(7.19)式中未知函数却有十个，即$\overline{\boldsymbol{V}}$，$p$ 及六个湍流应力分量。为了使方程组封闭，必须寻找湍流应力与平均速度之间关系，建立补充方程式，使方程组得以封闭。该方面的理论工作主要从两个方向进行：一个方向是湍流的统计理论，试图利用统计数学的方法及概念来描述流场，探讨脉动元的变化规律，研究湍流内部的结构，建立湍流运动的封闭方程组。虽然统计理论在均匀各向同性湍流理论研究方面取得了一些比较满意的结果，但距离应用到具体工程实际问题中还相差甚远；另一方面是建立湍流的模式理论，该方法也是目前许多学者研究的热点问题之一。考虑到本书的适用范围，在这里我们仅介绍最重要的、简单的、经典的湍流半经验模式理论。

7.3 湍流的半经验理论

湍流的半经验理论是以一些假设和实验结果为依据，建立湍流应力与平均速度之间的某种关系式，使其与方程组(7.19)式封闭，以达到求解的目的，从而满足解决工程实用的需要。本节将着重讨论两个最经典的半经验理论。

7.3.1 普朗特的混合长度理论

我们在这里介绍一种最古老也是最重要的半经验理论，它是普朗特在1925年提出来的，称做普朗特混合长度理论。

普朗特混合长度理论建立了雷诺应力和平均速度之间的关系，从而得到封闭的平均运动方程组。考虑到雷诺应力是由于宏观流体团的脉动引起的，它和分子微观运动引起黏性应力的情况十分相似。因此，自然会联想到是否可以模仿分子运动论中建立黏性应力和速度梯度之间的关系的方法来研究湍流运动中雷诺应力和平均速度之间的关系。下面我们依照这一思路来介绍混合长度理论。

为了简单起见，我们只限于讨论湍流的平均运动是平面平行定常运动的情况，此时

$$\bar{u} = \bar{u}(z), \bar{v} = \bar{w} = 0$$

在湍流运动中普朗特引进了一个与分子平均自由行程相当的长度$\frac{l'}{2}$。并假设在$\frac{l'}{2}$距离内流体团将不与其他流体团相碰撞，因而保持着自己原来的物理属性（即保持动量不变）。但只是在走过了$\frac{l'}{2}$这么长的距离后才与那里的流体团相互掺混，发生碰撞从而改变了自己原来的物理属性。

在流体中取两个平行于x轴的流体层，其边界分别为$\left(z+\frac{l'}{2}, z\right)$，$\left(z, z-\frac{l'}{2}\right)$（图7.5）。由于$z$方向存在脉动速度分量$w'$，$z$截面上下层流体之间将交换动量因而产生雷诺应力，这时z方向的脉动速度w'相当于分子运动论中的平均速度c。设Ⅱ层

的流体团由于脉动的结果，以 w' 小于零的速度沿 z 轴向下移动了 $\frac{l'}{2}$ 的距离落到下层，此时它和 I 层内的流体团相互碰撞传递了动量，使 I 层得到 $\rho w'\left(\bar{u}+\frac{\mathrm{d}\bar{u}}{\mathrm{d}z}\frac{l'}{2}\right)$ 的动量；另一方面，I 层内的流体团由于脉动速度 w' 大于零，移动了 $\frac{l'}{2}$ 落入于 II 层，使其失去 $\rho w'\left(\bar{u}-\frac{\mathrm{d}\bar{u}}{\mathrm{d}z}\frac{l'}{2}\right)$ 的动量。

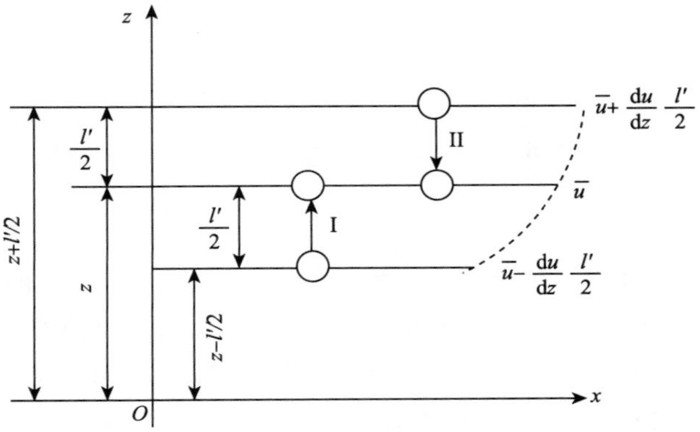

图 7.5 混合长度示意图

这样，在单位时间内和单位流体层下层内的动量改变对时间的平均值为：

$$\overline{\rho w'\left(\bar{u}+\frac{\mathrm{d}u}{\mathrm{d}z}\frac{l'}{2}\right)-\rho w'\left(\bar{u}-\frac{\mathrm{d}u}{\mathrm{d}z}\frac{l'}{2}\right)}=\overline{\rho w'l'}\frac{\mathrm{d}u}{\mathrm{d}z}$$

于是

$$\tau'_{zx}=-\rho\overline{u'w'}=\overline{\rho w'l'}\frac{\mathrm{d}\bar{u}}{\mathrm{d}z}=\rho\overline{w'l'}\frac{\mathrm{d}\bar{u}}{\mathrm{d}z} \tag{7.23}$$

这里我们利用了性质(7.4)，由此可得：

$$u'=l'\frac{\mathrm{d}\bar{u}}{\mathrm{d}z} \tag{7.24}$$

和黏性应力情况一样，令 $A_\tau=\rho\overline{w'l'}$，$\varepsilon=\overline{w'l'}$。

于是

$$\tau'_{zx}=A_\tau\frac{\mathrm{d}\bar{u}}{\mathrm{d}z}=\rho\varepsilon\frac{\mathrm{d}\bar{u}}{\mathrm{d}z} \tag{7.25}$$

A_τ 和 ε 分别称为湍流黏性系数和运动湍流黏性系数，或称为湍流交换系数和运动交换系数。实验证明可知，除固壁附近外，湍流交换系数较黏性系数大上万倍，因此，在一般情形下雷诺应力起主导作用。

为了将脉动速度 w' 也和平均速度联系起来，普朗特进一步假设 u' 和 w' 同阶，即

$$u' \sim w' \tag{7.26}$$

由(7.24)式有：

$$w' \sim l' \frac{\mathrm{d}\bar{u}}{\mathrm{d}z} \tag{7.27}$$

这个假定的合理性可从下述直观考虑加以理解。设两个流体团由于横向脉动速度 w' 的作用分别从 $z+l'$，$z-l'$ 进入 z 层。$z+l'$ 层内流体团的速度是 $\bar{u}+\frac{\mathrm{d}\bar{u}}{\mathrm{d}z}l'$，进入 z 层后，使 z 层内流体产生沿 x 轴正方向的脉动速度：

$$u' = \frac{\mathrm{d}\bar{u}}{\mathrm{d}z}l'$$

同样地，$z-l'$ 层内流体团在进入 z 层后使 z 层流体产生沿 x 轴负方向的脉动速度：

$$u' = \frac{\mathrm{d}\bar{u}}{\mathrm{d}z}l'$$

这样，这两个流体团就以相对速度 $2u'$ 向相反的方向运动。远离的结果就使得一部分空间空出来。为了填补这个空间，四周流体纷纷涌入，于是便产生了脉动速度 w'。从刚才叙述的脉动速度分量 w' 的产生过程容易理解 w' 是和 u' 成正比的，因为 u' 愈大，空出来的空间就愈大，填补空间的过程进行的速度也就愈大，即 w' 愈大。

将(7.27)式代入(7.23)式得：

$$\tau'_{xz} \sim \rho \overline{l'^2} \left(\frac{\mathrm{d}\bar{u}}{\mathrm{d}z}\right)^2$$

或写成：

$$\tau'_{xz} = \rho \beta \overline{l'^2} \left(\frac{\mathrm{d}\bar{u}}{\mathrm{d}z}\right)^2$$

其中 β 是比例常数。令 $l^2=\beta\overline{l'^2}$，l 称为混合长度，则有：

$$\tau'_{xz} = \rho l^2 \left(\frac{\mathrm{d}\bar{u}}{\mathrm{d}z}\right)^2 \tag{7.28}$$

因为 τ'_{xz} 与 $\frac{\mathrm{d}\bar{u}}{\mathrm{d}z}$ 同号，为了使得等式两边符号一致，上式应改写为：

$$\tau'_{xz} = \rho l^2 \left|\frac{\mathrm{d}\bar{u}}{\mathrm{d}z}\right| \frac{\mathrm{d}\bar{u}}{\mathrm{d}z} \tag{7.29}$$

同理可得：

$$\tau'_{xy} = \tau'_{yx} = \rho l^2 \left|\frac{\mathrm{d}\bar{u}}{\mathrm{d}y}\right| \frac{\mathrm{d}\bar{u}}{\mathrm{d}y} \tag{7.30}$$

其中混合长度 l 目前还是不确定的量，它将在不同的工程具体问题中通过新的假设及实验结果来确定。

7.3.2 冯·卡门湍流相似理论

冯·卡门湍流相似理论和普朗特的混合长度理论的主要区别在于：前者采用了欧拉观点和量纲分析来研究湍流场，而后者则是用的拉格朗日观点。冯·卡门理论给予混合长度 l 以完全不同的物理含义，但给出的混合长度 l 与平均速度之间的关系，其结果与普朗特理论相当接近。从理论上看，冯·卡门的理论可能更完善。

湍流场可以看做平均流场和空间点邻域的脉动场的叠加。冯·卡门的假设：(1)除了贴近固体壁的流体质点以外，脉动场的结构与分子黏性无关；(2)各空间点邻域内，脉动场的结构是相似的，它们只以特征尺度和特征速度来区别。且假设特征尺度 l' 和特征速度 U 只与平均速度的一阶(空间)导数和二阶导数有关。

现在仅讨论平行平面直线运动的简单情况。根据量纲分析有：

$$l' \sim \left(\frac{\partial \bar{u}}{\partial z}\right) \Big/ \left(\frac{\partial^2 \bar{u}}{\partial z^2}\right) \tag{7.31}$$

考虑到特征长度为正值，而平均速度的导数可正可负，故取其绝对值，并引入比例系数 k，则上式为：

$$l' = k\left|\frac{\partial \bar{u}}{\partial z}\right| \Big/ \left|\frac{\partial^2 \bar{u}}{\partial z^2}\right| \tag{7.32}$$

式中 k 为无量纲常数，称为冯·卡门常数。实验结果 $k=0.4$(在大气中通常取 0.35)，又特征速度 U 有下列关系：

$$U \sim \left(\frac{\partial \bar{u}}{\partial z}\right)^2 \Big/ \left(\frac{\partial^2 \bar{u}}{\partial z^2}\right) \sim l' \frac{\partial \bar{u}}{\partial z} \tag{7.33}$$

又因为 $|u'| \sim |w'| \sim U$，故有：

$$|\tau'_{xz}| = |-\rho\overline{u'w'}| = \rho\, l^2 \left(\frac{\partial \bar{u}}{\partial z}\right)^2 \tag{7.34}$$

式中 $l^2 = cl'^2$，c 为比例常数。考虑到雷诺应力与速度梯度符号相同，则有：

$$\tau'_{xz} = \rho\, l^2 \left|\frac{\mathrm{d}\bar{u}}{\mathrm{d}z}\right| \frac{\mathrm{d}\bar{u}}{\mathrm{d}z} \tag{7.35}$$

比较(7.35)式和(7.29)式完全相同，但冯·卡门进一步给出了特征长度与平均速度场之间关系式(7.32)，以该式代入(7.34)式，则有：

$$|\tau'_{xz}| = \rho\, k^2 \left(\frac{\partial \bar{u}}{\partial z}\right)^4 \Big/ \left(\frac{\partial^2 \bar{u}}{\partial z^2}\right)^2 \tag{7.36}$$

同理可获得如下表达式：

$$|\tau'_{xy}| = \rho\, k^2 \left(\frac{\partial \bar{u}}{\partial y}\right)^4 \Big/ \left(\frac{\partial^2 \bar{u}}{\partial y^2}\right)^2 \tag{7.37}$$

冯·卡门的湍流相似理论结果表明，只要平均速度的空间分布(一阶和二阶导数)已知，就完全可以确定雷诺应力，这是它比普朗特混合长度优越之处。但冯·卡门的湍流相似理论的基础也并不是十分充足的，因为要满足脉动场的相似性条件太困难了，也无足够依据来保证脉动场的相似性等其他因素。此外，(7.32)式和(7.34)式在平均速度场为线性分布($\frac{\partial \bar{u}}{\partial z}$=常数)或在反曲点($\frac{\partial^2 \bar{u}}{\partial z^2}=0$)都不能应用。

综上所述，半经验理论的一个共同特点是：脉动速度完全取决于平均速度的空间导数。管道中流动的实验可知，在管轴心上，平均速度的梯度为零，而仍能观察到脉动速度，这是半经验公式无法对此做出合理解释的。如前所述，各种半经验理论的假设都与实际问题不完全符合。因此，半经验理论在理论上存在明显的局限性及缺陷。近几十年来，研究发现湍流场中还存在着不同尺度的相关结构，可进一步探索新的湍流模拟来克服半经验模式理论的不足。尽管如此，在一定条件下，半经验模式理论往往能够得到与实际情况符合得较好的结果。所以，在具体工程应用、近地面的大气层(大气边界层)和近海面的洋流平均速度的垂直分布等方面，半经验模式理论仍得到广泛的应用。

7.4 小结与例题

7.4.1 小结

本章首先介绍了湍流的概念和性质，通过平均化运算法则推导出湍流的平均运动方程(雷诺方程)，并阐述了雷诺应力的物理含义。在此基础上，介绍了两种经典的湍流半经验理论：普朗特混合长度理论和冯·卡门湍流相似理论。

7.4.2 例题

例 7.1 圆管直径 $d=15$ mm，其中流速为 15 cm/s，水温 12℃(运动黏性系数 $\upsilon=1.241\times10^{-6}\ \mathrm{m^2/s}$)。试判别水流是层流还是湍流？若当流速增大到 0.5 m/s 时，其他条件不变，试判别水流是层流还是湍流？

解：根据题意可知，要判别水流的运动状态，必须求雷诺数，即 $Re=\frac{Ud}{\upsilon}$，所以

$$Re=\frac{Ud}{\upsilon}=\frac{0.15\times0.015}{1.241\times10^{-6}}\approx1813<2000$$

因此，此时水流运动状态处于层流运动状态。

当流速增大到 0.5 m/s 时，其他条件不变，其雷诺数为：

$$Re=\frac{Ud}{\upsilon}=\frac{0.5\times0.015}{1.241\times10^{-6}}\approx6043>2000$$

因此，此时水流运动状态处于湍流运动状态。

例 7.2 证明$\overline{A+B}=\overline{A}+\overline{B}$

证明:因为 $\overline{A+B}=\dfrac{1}{T}\int_{t-\frac{T}{2}}^{t+\frac{T}{2}}(A+B)\mathrm{d}t'=\dfrac{1}{T}\int_{t-\frac{T}{2}}^{t+\frac{T}{2}}A\mathrm{d}t'+\dfrac{1}{T}\int_{t-\frac{T}{2}}^{t+\frac{T}{2}}B\mathrm{d}t'$,且

$\dfrac{1}{T}\int_{t-\frac{T}{2}}^{t+\frac{T}{2}}A\mathrm{d}t'=\overline{A}$,$\dfrac{1}{T}\int_{t-\frac{T}{2}}^{t+\frac{T}{2}}B\mathrm{d}t'=\overline{B}$

所以,$\overline{A+B}=\overline{A}+\overline{B}$。

例 7.3 试用时间平均法导出均匀不可压缩黏性流体的湍流涡度方程(不计质量力的影响)。

解:由于不计质量力的影响,且 ρ=常数,则涡度方程可简化为:

$$\begin{cases}\dfrac{\partial\zeta_x}{\partial t}+u\dfrac{\partial\zeta_x}{\partial x}+v\dfrac{\partial\zeta_x}{\partial y}+w\dfrac{\partial\zeta_x}{\partial z}=\zeta_x\dfrac{\partial u}{\partial x}+\zeta_y\dfrac{\partial u}{\partial y}+\zeta_z\dfrac{\partial u}{\partial z}+\upsilon\nabla^2\zeta_x\\ \dfrac{\partial\zeta_y}{\partial t}+u\dfrac{\partial\zeta_y}{\partial x}+v\dfrac{\partial\zeta_y}{\partial y}+w\dfrac{\partial\zeta_y}{\partial z}=\zeta_x\dfrac{\partial v}{\partial x}+\zeta_y\dfrac{\partial v}{\partial y}+\zeta_z\dfrac{\partial v}{\partial z}+\upsilon\nabla^2\zeta_y\\ \dfrac{\partial\zeta_z}{\partial t}+u\dfrac{\partial\zeta_z}{\partial x}+v\dfrac{\partial\zeta_z}{\partial y}+w\dfrac{\partial\zeta_z}{\partial z}=\zeta_x\dfrac{\partial w}{\partial x}+\zeta_y\dfrac{\partial w}{\partial y}+\zeta_z\dfrac{\partial w}{\partial z}+\upsilon\nabla^2\zeta_z\end{cases}\tag{1}$$

为讨论问题方便起见,这里仅以 x 方向分量为例,即(1)式的第一式讨论。

将瞬时速度分量 u,v,w 和瞬时涡度分量 ζ_x,ζ_y,ζ_z 分解成平均值和脉动值之和代入(1)式的第一式,进行时间平均,并利用平均化运算法则,得:

$$\begin{aligned}&\frac{\partial\bar{\zeta}_x}{\partial t}+\bar{u}\frac{\partial\bar{\zeta}_x}{\partial x}+\bar{v}\frac{\partial\bar{\zeta}_x}{\partial y}+\bar{w}\frac{\partial\bar{\zeta}_x}{\partial z}+\overline{u'\frac{\partial\zeta'_x}{\partial x}}+\overline{v'\frac{\partial\zeta'_x}{\partial y}}+\overline{w'\frac{\partial\zeta'_x}{\partial z}}\\&=\bar{\zeta}_x\frac{\partial\bar{u}}{\partial x}+\bar{\zeta}_y\frac{\partial\bar{u}}{\partial y}+\bar{\zeta}_z\frac{\partial\bar{u}}{\partial z}+\overline{\zeta'_x\frac{\partial u'}{\partial x}}+\overline{\zeta'_y\frac{\partial u'}{\partial y}}+\overline{\zeta'_z\frac{\partial u'}{\partial z}}+\upsilon\nabla^2\bar{\zeta}_x\end{aligned}\tag{2}$$

考虑到不可压缩流体脉动流的连续性方程:

$$\frac{\partial u'}{\partial x}+\frac{\partial v'}{\partial y}+\frac{\partial w'}{\partial z}=0\tag{3}$$

将(3)式两边同乘以 ζ'_x 后进行时间平均,得:

$$\overline{\zeta'_x\frac{\partial u'}{\partial x}}+\overline{\zeta'_x\frac{\partial v'}{\partial y}}+\overline{\zeta'_x\frac{\partial w'}{\partial z}}=0\tag{4}$$

将(4)式与(2)式中的$\overline{u'\dfrac{\partial\zeta'_x}{\partial x}}+\overline{v'\dfrac{\partial\zeta'_x}{\partial y}}+\overline{w'\dfrac{\partial\zeta'_x}{\partial z}}$项相加,得:

$$\overline{u'\frac{\partial\zeta'_x}{\partial x}}+\overline{v'\frac{\partial\zeta'_x}{\partial y}}+\overline{w'\frac{\partial\zeta'_x}{\partial z}}=\frac{\partial\overline{u'\zeta'_x}}{\partial x}+\frac{\partial\overline{v'\zeta'_x}}{\partial y}+\frac{\partial\overline{w'\zeta'_x}}{\partial z}\tag{5}$$

且由于$\boldsymbol{\nabla}\cdot(\boldsymbol{\nabla}\times\mathbf{V})=\boldsymbol{\nabla}\cdot\boldsymbol{\zeta}=0$,即$\dfrac{\partial\bar{\zeta}_x}{\partial x}+\dfrac{\partial\bar{\zeta}_y}{\partial y}+\dfrac{\partial\bar{\zeta}_z}{\partial z}=0$ 和$\dfrac{\partial\zeta'_x}{\partial x}+\dfrac{\partial\zeta'_y}{\partial y}+\dfrac{\partial\zeta'_z}{\partial z}=0$。

因此,

$$\overline{\zeta'_x\frac{\partial u'}{\partial x}}+\overline{\zeta'_y\frac{\partial u'}{\partial y}}+\overline{\zeta'_z\frac{\partial u'}{\partial z}}=\frac{\partial\overline{u'\zeta'_x}}{\partial x}+\frac{\partial\overline{u'\zeta'_y}}{\partial y}+\frac{\partial\overline{u'\zeta'_z}}{\partial z}\tag{6}$$

将式(5)和式(6)代入(2)式,可得:

$$\frac{\partial\bar{\zeta}_x}{\partial t}+\bar{u}\frac{\partial\bar{\zeta}_x}{\partial x}+\bar{v}\frac{\partial\bar{\zeta}_x}{\partial y}+\bar{w}\frac{\partial\bar{\zeta}_x}{\partial z}+\frac{\overline{\partial u'\zeta'_x}}{\partial x}+\frac{\overline{\partial v'\zeta'_x}}{\partial y}+\frac{\overline{\partial w'\zeta'_x}}{\partial z}$$
$$=\bar{\zeta}_x\frac{\partial\bar{u}}{\partial x}+\bar{\zeta}_y\frac{\partial\bar{u}}{\partial y}+\bar{\zeta}_z\frac{\partial\bar{u}}{\partial z}+\frac{\overline{\partial u'\zeta'_x}}{\partial x}+\frac{\overline{\partial u'\zeta'_y}}{\partial y}+\frac{\overline{\partial u'\zeta'_z}}{\partial z}+\upsilon\nabla^2\bar{\zeta}_x$$

同理可得,y 和 z 方向湍流涡度方程:

$$\begin{aligned}&\frac{\partial\bar{\zeta}_y}{\partial t}+\bar{u}\frac{\partial\bar{\zeta}_y}{\partial x}+\bar{v}\frac{\partial\bar{\zeta}_y}{\partial y}+\bar{w}\frac{\partial\bar{\zeta}_y}{\partial z}+\frac{\overline{\partial u'\zeta'_y}}{\partial x}+\frac{\overline{\partial v'\zeta'_y}}{\partial y}+\frac{\overline{\partial w'\zeta'_y}}{\partial z}\\&=\bar{\zeta}_x\frac{\partial\bar{v}}{\partial x}+\bar{\zeta}_y\frac{\partial\bar{v}}{\partial y}+\bar{\zeta}_z\frac{\partial\bar{v}}{\partial z}+\frac{\overline{\partial v'\zeta'_x}}{\partial x}+\frac{\overline{\partial v'\zeta'_y}}{\partial y}+\frac{\overline{\partial v'\zeta'_z}}{\partial z}+\upsilon\nabla^2\bar{\zeta}_y\end{aligned}\tag{7}$$

$$\begin{aligned}&\frac{\partial\bar{\zeta}_z}{\partial t}+\bar{u}\frac{\partial\bar{\zeta}_z}{\partial x}+\bar{v}\frac{\partial\bar{\zeta}_z}{\partial y}+\bar{w}\frac{\partial\bar{\zeta}_z}{\partial z}+\frac{\overline{\partial u'\zeta'_z}}{\partial x}+\frac{\overline{\partial v'\zeta'_z}}{\partial y}+\frac{\overline{\partial w'\zeta'_z}}{\partial z}\\&=\bar{\zeta}_x\frac{\partial\bar{w}}{\partial x}+\bar{\zeta}_y\frac{\partial\bar{w}}{\partial y}+\bar{\zeta}_z\frac{\partial\bar{w}}{\partial z}+\frac{\overline{\partial w'\zeta'_x}}{\partial x}+\frac{\overline{\partial w'\zeta'_y}}{\partial y}+\frac{\overline{\partial w'\zeta'_z}}{\partial z}+\upsilon\nabla^2\bar{\zeta}_z\end{aligned}\tag{8}$$

例 7.4 利用普朗特的混合长度理论处理无界固壁附近的湍流运动。设无界平板 AB 上充满着不可压缩黏性流体,流体在等压条件下沿板面方向做定常湍流运动。若板面上的切应力 τ_w 已知,求湍流运动的速度分布。

解:取板面上任一点为坐标原点,x 轴与固壁平板重合,y 轴垂直于固壁平板且指向流体内部(向上)。很显然平均运动与 x 轴无关,即 $\bar{u}=\bar{u}(y)$,为方便起见,令 $u=\bar{u}$。

由题意可知,动量传递仅在 y 方向进行。此时雷诺方程可简化为:

$$\mu\frac{\mathrm{d}^2u}{\mathrm{d}y^2}+\frac{\mathrm{d}\tau'_{xy}}{\mathrm{d}y}=0\tag{9}$$

其中 $\tau'_{xy}=-\rho\overline{u'v'}$。 (10)

对(9)式积分得:

$$\mu\frac{\mathrm{d}u}{\mathrm{d}y}+\tau'_{xy}=C\tag{11}$$

其中 C 为积分常数。在固壁平板 $y=0$ 上,$u'=v'=0$,且

$$\tau=\mu\frac{\mathrm{d}u}{\mathrm{d}y}=\tau_w$$

所以得积分常数 $C=\tau_w$,代入(11)式后有:

$$\mu\frac{\mathrm{d}u}{\mathrm{d}y}+\tau'_{xy}=\tau_w\tag{12}$$

下面就两种不同区域求解方程(12)式的解。

(1)在固壁附近的区域内,那里 τ'_{xy} 很小(在固壁平板上等于零),而 $\mu\frac{\mathrm{d}u}{\mathrm{d}y}$ 具有较

大的值。因此，在该区域内黏性应力占主导作用，可以忽略 τ'_{xy} 的影响。此时的黏性流体运动层称为黏性底层，该区域的尺度非常小。这样方程(12)可简化为：

$$\mu \frac{\mathrm{d}u}{\mathrm{d}y} = \tau_w \tag{13}$$

对(13)式积分得：

$$u = \frac{\tau_w}{\mu} y + C_1$$

考虑到边界条件 $y=0, u=0$，可求得 $C_1=0$，于是

$$u = \frac{\tau_w}{\mu} y \tag{14}$$

为了方便起见，式(14)写成无量纲形式。为此引入特征速度 U^* 及特征长度 L^*。它们由下式确定：

$$U^* = \sqrt{\frac{\tau_w}{\rho}}, \quad L^* = \frac{\upsilon}{U^*} = \frac{\upsilon}{\sqrt{\frac{\tau_w}{\rho}}} \tag{15}$$

这样(14)式可改写为：

$$\frac{u}{U^*} = \frac{y}{L^*} \tag{16}$$

(2)在黏性底层外部区域内，那里 τ'_{xy} 较 $\mu \frac{\mathrm{d}u}{\mathrm{d}y}$ 大几万倍，因此，可以完全忽略黏性力的作用，流动处于充分发展的湍流状态，这个区域称为湍流核心区。这样方程(12)可简化为：

$$\tau'_{xy} = \tau_w$$

利用普朗特混合长理论的结果，即(7.28)式代入上式得：

$$\rho l^2 \left(\frac{\mathrm{d}\bar{u}}{\mathrm{d}y}\right)^2 = \tau_w \tag{17}$$

由式(15)，得：

$$l \frac{\mathrm{d}u}{\mathrm{d}y} = U^* \tag{18}$$

根据混合长 l 理论的假设，普朗特又假设 l 不受黏性影响，则唯一有长度量纲的量是 y，于是自然地假设：

$$l = \chi y \tag{19}$$

其中 χ 是待定的比例常数。当 $y=0$ 时，得 $l=0$，即 $\tau'_{xy}=0$。这与固壁上雷诺应力等于零的物理事实相一致。

将(19)式代入(18)式得：

$$\frac{\mathrm{d}u}{\mathrm{d}y}=\frac{U^*}{\chi}\frac{1}{y}$$

对上式进行积分得：

$$u=\frac{U^*}{\chi}\ln y+C_2$$

在湍流核心区与黏性底层顶层区接壤的边界 $y=\delta_e$ 上，$u=u_e$。由此可求出 C_2：

$$C_2=u_e-\frac{U^*}{\chi}\ln\delta_e$$

代入上式中可得：

$$u-u_e=\frac{U^*}{\chi}\ln\frac{y}{\delta_e} \tag{20}$$

将接壤的边界 $y=\delta_e$ 上，$u=u_e$ 条件代入(16)式，得 $\frac{u}{U^*}=\frac{\delta_e}{L^*}=a$，$u_e=U^*a$，$\delta_e=L^*a$

代入(20)式，得：

$$u-aU^*=\frac{U^*}{\chi}\ln\frac{y}{L^*a}\quad 或改写为\quad \frac{u}{U^*}=\frac{1}{\chi}\ln\frac{yU^*}{\upsilon}+a-\frac{1}{\chi}\ln a \tag{21}$$

上式包含两个待定常数 χ 及 a，它们将由实验确定。

(3)在黏性底层及湍流核心区之间有一个过渡区，在这区域内黏性应力与雷诺应力量级相当，流体运动中这两种应力同等重要。

例 7.5 对于二维平行平板间的管道中的湍流运动。设两平板之间的距离为 $2h$，并取通过两平行平板中心的中心轴为 x 轴，y 轴与平板垂直，把冯·卡门方法应用到 $\frac{\mathrm{d}\bar{p}}{\mathrm{d}x}=0$ 条件下，证明充分发展的湍流运动的速度分布为：

$$\frac{\bar{u}_{\max}-\bar{u}}{U^*}=-\frac{1}{k}\ln\left(1-\frac{y}{h}\right)。$$

证明：在 $\frac{\mathrm{d}\bar{p}}{\mathrm{d}x}=0$ 条件下，并再考虑在充分发展的湍流中，黏性应力相对于雷诺应力而言是一个很小的量，可忽略不计。因此，雷诺方程可简化为：

$$\frac{\mathrm{d}\tau'_{xy}}{\mathrm{d}y}=0$$

积分上式得：

$$\tau'_{xy}=C_1$$

考虑到固壁($y=h$)处的剪应力的绝对值为 τ_0，则 $|\tau'_{xy}|=\tau_0$。

利用冯·卡门方法 $|\tau'_{xy}|=\rho k^2\left(\frac{\partial\bar{u}}{\partial y}\right)^4\Big/\left(\frac{\partial^2\bar{u}}{\partial y^2}\right)^2$，令 $U^*=\sqrt{\frac{\tau_0}{\rho}}$，则得：

$$U^*\frac{\partial^2\bar{u}}{\partial y^2}\Big/\left(\frac{\partial\bar{u}}{\partial y}\right)^2=k$$

再令$\frac{\partial \bar{u}}{\partial y}=f$，积分上式得$-\frac{U^*}{f}=k(y+C)$。

其中C为积分常数，将f表达式代入上式，且偏导数可转化导数，然后整理得：

$$\frac{1}{U^*}\frac{\partial \bar{u}}{\partial y}=-\frac{1}{k}\frac{1}{y+C} \tag{22}$$

C可由固壁上的混合长度l为0的条件求出。即将(22)式对y微分，并与(22)式一起代入式$l=k\left|\frac{\partial \bar{u}}{\partial y}\Big/\frac{\partial^2 \bar{u}}{\partial y^2}\right|$中，有$l=-k(y+C)$，由固壁上的条件$y=h,l=0$，得到$C=-h$。因此

$$l=-k(y-h)$$

又取$C=-h$，考虑边界条件$y=h,\bar{u}=\bar{u}_{\max}$，然后积分(22)式得：

$$\frac{\bar{u}_{\max}-\bar{u}}{U^*}=-\frac{1}{k}\ln\left(1-\frac{y}{h}\right)，证毕。$$

习题 7

习题 7.1　已知圆管的直径$d=20$ mm，其中流速为20 cm/s，水温20℃（运动黏性系数$\upsilon=1.011\times10^{-6}$ m^2/s）。试判别水流是层流还是湍流？若当圆管直径减少为$d/2$时，其他条件不变，试判别水流是层流还是湍流？

习题 7.2　证明$\overline{\frac{\partial A}{\partial t}}=\frac{\partial \bar{A}}{\partial t}$。

习题 7.3　试导出可压缩流体湍流运动的连续性方程。

习题 7.4　试用时间平均法导出定常可压缩黏性流体的湍流平均运动方程（忽略质量力）。

习题 7.5　对于二维平行平板间的管道中的湍流运动，设两平板之间的距离为$2h$，并取通过两平行平板中心的中心轴为x轴，y轴与平板垂直，利用普朗特的混合长度理论，求二维平行平板间的管道中的充分发展湍流运动的速度分布。

附　录

一、矢量运算

在以下公式中，α 是任意标量，$\boldsymbol{A}$，$\boldsymbol{B}$ 和 $\boldsymbol{C}$ 是任意矢量。

$$\boldsymbol{A}\cdot(\boldsymbol{A}\times\boldsymbol{B})=0$$

$$\boldsymbol{A}\cdot(\boldsymbol{B}\times\boldsymbol{C})=\boldsymbol{B}\cdot(\boldsymbol{C}\times\boldsymbol{A})=\boldsymbol{C}\cdot(\boldsymbol{A}\times\boldsymbol{B})$$

$$\boldsymbol{A}\times\boldsymbol{B}=-\boldsymbol{B}\times\boldsymbol{A}$$

$$(\boldsymbol{A}\times\boldsymbol{B})\times\boldsymbol{C}=(\boldsymbol{A}\cdot\boldsymbol{B})\boldsymbol{C}-(\boldsymbol{B}\cdot\boldsymbol{C})\boldsymbol{A}$$

$$\nabla\times\nabla\alpha=0$$

$$\nabla\cdot(\alpha\boldsymbol{A})=\alpha\nabla\cdot\boldsymbol{A}+\boldsymbol{A}\cdot\nabla\alpha$$

$$\nabla\times(\alpha\boldsymbol{A})=\nabla\alpha\times\boldsymbol{A}+\alpha(\nabla\times\boldsymbol{A})$$

$$\nabla\cdot(\alpha\boldsymbol{A})=\alpha\nabla\cdot\boldsymbol{A}+\boldsymbol{A}\cdot\nabla\alpha$$

$$\nabla\cdot(\nabla\times\boldsymbol{A})=0$$

$$(\boldsymbol{A}\cdot\nabla)\boldsymbol{A}=\frac{1}{2}\nabla(\boldsymbol{A}\cdot\boldsymbol{A})-\boldsymbol{A}\times(\nabla\times\boldsymbol{A})$$

$$\nabla\times(\boldsymbol{A}\times\boldsymbol{B})=\boldsymbol{A}(\nabla\cdot\boldsymbol{B})-\boldsymbol{B}(\nabla\cdot\boldsymbol{A})-(\boldsymbol{A}\cdot\nabla)\boldsymbol{B}+(\boldsymbol{B}\cdot\nabla)\boldsymbol{A}$$

$$\nabla\cdot(\boldsymbol{A}\times\boldsymbol{B})=\boldsymbol{B}\cdot(\nabla\times\boldsymbol{A})-\boldsymbol{A}\cdot(\nabla\times\boldsymbol{B})$$

二、积分变换公式

(1)奥—高公式

$$\int_A \boldsymbol{B}\cdot\boldsymbol{n}\mathrm{d}A=\int_V \nabla\cdot\boldsymbol{B}\mathrm{d}V$$

其中，V 为曲面 $\boldsymbol{A}$ 所围的体积，$\boldsymbol{n}$ 是 $\mathrm{d}\boldsymbol{A}$ 的单位矢量。

(2)斯托克斯公式

$$\oint_l \boldsymbol{B}\cdot\mathrm{d}\boldsymbol{l}=\int_A(\nabla\times\boldsymbol{B})\cdot\boldsymbol{n}\mathrm{d}A$$

其中，$\boldsymbol{A}$ 为闭合曲线 $\boldsymbol{l}$ 为周界的任意曲面，$\boldsymbol{n}$ 是 $\mathrm{d}\boldsymbol{A}$ 的单位矢量。

三、张量

通常将流速矢和那勃勒算符表示为：

$$\begin{cases} \mathbf{V} = u_1 \boldsymbol{i}_1 + u_2 \boldsymbol{i}_2 + u_3 \boldsymbol{i}_3 = \sum_{i=1}^{3} u_i \boldsymbol{i}_i \\ \nabla = \boldsymbol{i}_1 \dfrac{\partial}{\partial x_1} + \boldsymbol{i}_2 \dfrac{\partial}{\partial x_2} + \boldsymbol{i}_3 \dfrac{\partial}{\partial x_3} = \sum_{i=1}^{3} \boldsymbol{i}_i \dfrac{\partial}{\partial x_i} \end{cases}$$

流速分量的空间导数$\frac{\partial u_k}{\partial x_l}(l,k=1,2,3)$为：

$$\left(\frac{\partial u_k}{\partial x_l}\right) = \begin{bmatrix} \dfrac{\partial u_1}{\partial x_1} & \dfrac{\partial u_2}{\partial x_1} & \dfrac{\partial u_3}{\partial x_1} \\ \dfrac{\partial u_1}{\partial x_2} & \dfrac{\partial u_2}{\partial x_2} & \dfrac{\partial u_3}{\partial x_2} \\ \dfrac{\partial u_1}{\partial x_3} & \dfrac{\partial u_2}{\partial x_3} & \dfrac{\partial u_3}{\partial x_3} \end{bmatrix}$$

上述矩阵确定了一个能够完全表征流速空间导数的量，这个量就是流速矢对空间坐标导数的张量，记作

$$\left(\frac{\partial u_k}{\partial x_l}\right) = \nabla \mathbf{V}$$

流体力学中，常见的张量有形变张量、应力张量等。

用矩阵可以表示张量，那么，有关矩阵的一些简单性质均可用到张量中。关于矩阵的相等，加、减和乘法的运算也同样可以用于张量的运算。

附 表

不同温度下水的黏性系数*

t (℃)	μ (10^{-3} Pa·s)	υ (10^{-6} m^2/s)	t (℃)	μ (10^{-3} Pa·s)	υ (10^{-6} m^2/s)
0	1.792	1.792	40	0.651	0.659
5	1.519	1.519	45	0.597	0.603
10	1.310	1.310	50	0.549	0.556
15	1.143	1.146	60	0.469	0.478
20	1.009	1.011	70	0.406	0.415
25	0.895	0.897	80	0.357	0.367
30	0.800	0.803	90	0.317	0.328
35	0.721	0.725	100	0.281	0.296

不同温度下空气的黏性系数*

t (℃)	μ (10^{-6} Pa·s)	υ (10^{-6} m^2/s)	t (℃)	μ (10^{-6} Pa·s)	υ (10^{-6} m^2/s)
0	1.72	13.7	90	2.16	22.9
10	1.78	14.7	100	2.18	23.6
20	1.83	15.7	120	2.28	26.2
30	1.87	16.6	140	2.36	28.5
40	1.92	17.6	160	2.42	30.6
50	1.96	18.6	180	2.51	33.2
60	2.01	19.6	200	2.59	35.8
70	2.04	20.5	250	2.80	42.8
80	2.10	21.7	300	2.98	49.9

*引自刘鹤年主编．流体力学．北京：中国建筑工业出版社，2001。

主要参考书目

蔡增基,龙天渝.1999.流体力学泵与风机[M].北京:中国建筑工业出版社.

高永卫.2002.实验流体力学基础[M].西安:西北工业大学出版社.

胡敏良,吴雪茹.2008.流体力学[M].第3版.武汉:武汉理工大学出版社.

李翼祺,马素贞.1983.流体力学基础[M].北京:科学出版社.

刘鹤年.2001.流体力学[M].北京:中国建筑工业出版社.

施永生,徐向荣.2005.流体力学[M].北京:科学出版社.

是勋刚.1994.湍流[M].天津:天津大学出版社.

王宝瑞.1988.流体力学[M].北京:气象出版社.

王振华.2002.流体力学的基本理论[M].上海:上海大学出版社.

吴望一.1983.流体力学[M].北京:北京大学出版社.

余志豪.1988.流体力学习题解[M].北京:气象出版社.

余志豪,苗曼倩,蒋全荣,等.2004.流体力学[M].北京:气象出版社.

张仲寅,乔志德.1982.黏性流体力学[M].北京:国防工业出版社.

赵学端,廖其奠.1983.黏性流体力学[M].北京:机械工业出版社.

朱爱民.2004.流体力学基础[M].北京:中国计量出版社.